滋补全家的
养生菜

甘智荣　主编

吉林科学技术出版社

图书在版编目（CIP）数据

滋补全家的养生菜 / 甘智荣主编. -- 长春 : 吉林科学技术出版社, 2015.2
ISBN 978-7-5384-8701-5

Ⅰ. ①滋… Ⅱ. ①甘… Ⅲ. ①保健—菜谱 Ⅳ. ①TS972.161

中国版本图书馆CIP数据核字（2014）第302052号

滋补全家的养生菜

Zibu Quanjia De Yangshengcai

主　　编　甘智荣
出 版 人　李　梁
责任编辑　孟　波　李红梅
策划编辑　黄　佳
封面设计　闵智玺
版式设计　谢丹丹
开　　本　723mm×1020mm　1/16
字　　数　200千字
印　　张　15
印　　数　10000册
版　　次　2015年2月第1版
印　　次　2015年2月第1次印刷

出　　版　吉林科学技术出版社
发　　行　吉林科学技术出版社
地　　址　长春市人民大街4646号
邮　　编　130021
发行部电话/传真　0431-85635177　85651759　85651628
　　　　　　　　85677817　85600611　85670016
储运部电话　0431-84612872
编辑部电话　0431-86037576
网　　址　www.jlstp.net
印　　刷　深圳市雅佳图印刷有限公司

书　　号　ISBN　978-7-5384-8701-5
定　　价　29.80元

前言 PREFACE

中国饮食文化博大精深，源远流长。而营养搭配，也是饮食文化中十分重要的一部分。俗话说，药补不如食补。合理的膳食可以有效调节和改善人体健康状况，在古代皇宫里，就有专门的御医为皇族调配健康的膳食。只要遵循健康的饮食法则，合理搭配食材，选择健康的烹饪方式，做出的菜肴不仅美味，还有益身体健康，起到强身健体、延年益寿的功效。

“家庭煮妇”们每天都要为家人做一大桌子菜肴，既要照顾老人的身体健康，做出清淡、滋补的菜肴，又要照顾孩子的口味，做出有营养、可口的饭菜。不仅要兼顾所有人的口味，还要考虑到各年龄段所需要的营养，真是让“煮妇”们头疼不已。

本书将为“煮妇”们解决这一难题。本书分为六章，分别从宝宝、儿童、男性、女性、长辈五个方面有针对性的介绍了对应人群需要摄入的营养元素及菜例，供您选择。

第一章介绍了人体所必需的营养元素、各类人群营养指南和饮食原则、相关烹调技法等，为读者做好每一餐提供参考；第二章针对宝宝的特殊饮食结构，为宝宝量身定制了羹、粥类饮食，保证宝宝在摄入足够的营养元素的同时，也保证菜例的选择多样化；第三章精心推荐了有利于促进儿童成长的营养菜，从食材的选择到烹饪方法的运用，每一个步骤都要精细，这样才能让吃饭成为愉快和放心的事；第四章提供了多款男性减压健康餐，为家中的顶梁柱们提供日常所需营养，兼顾美味与健康。

在关爱家人的同时，主妇们自己也要注意饮食的健康搭配。本书第五章推荐了女性美容养颜餐，让“煮妇”们在兼顾全家的同时，还能保持美丽和健康。

俗语说“家有一老，如有一宝”，老年人在饮食上更要精益求精，才能吃得营养，吃得健康。本书第六章就精心推出长辈们的健康养生餐，让“煮妇”们有更多选择。

爱吃的人爱生活，爱生活、爱养生、得健康，本书所提供滋补全家的养生菜，所有菜例均配有一个二维码，只需轻轻一扫，就能跟着高清视频学做营养美食。希望所有家庭都能轻松吃得营养，吃出健康。

CONTENTS 目录

Part 1 滋补全家，营养搭配很重要

Part 2 美味可以很简单，健康宝宝聪明餐

Part 3 营养面面俱到，儿童健康成长餐

色、香、味俱全，男性减压健康餐

Part 5 营养美味很周到，女性美容养颜餐

滋补有讲究，长辈们的健康养生餐

Part1

滋补全家，营养搭配很重要

我们都知道需要摄入全面而足够的营养，才能保证身体健康，但是，你知道具体需要哪些营养吗？这些营养物质都有什么作用？为什么他们对人体很重要呢？这些营养物质要从哪些食物中摄取呢？不同人群又该如何正确摄取各种营养？下面的内容为您解答。

各种营养排排座

我们都知道，人体需要补充各种营养，但是你知道具体有哪些营养，他们又分别有什么功效，存在于什么哪些食材当中么？

下面就为您介绍这些内容。

〔蛋白质〕

蛋白质是组成人体的重要成分之一，约占人体总重量的18%左右。食物中蛋白质的各种人体必需氨基酸的比例越接近人体蛋白质的组成，就越容易被人体消化吸收，其营养价值也就越高。一般来说，动物性蛋白质在各种人体必需氨基酸组成的比例上更接近人体蛋白质，属于优质蛋白质。

蛋白质的作用：

蛋白质是生命的物质基础，是机体细胞的重要组成部分，是人体组织更新和修补的主要原料。人体的每个组织，如毛发、皮肤、肌肉、骨骼、内脏、大脑、血液、神经、内分泌系统等都是由蛋白质组成的。随着年龄的增长，人体内蛋白质的分解代谢会逐步增加，合成代谢会逐步减少。所以，补充蛋白质对于维持机体正常代谢、补偿组织蛋白消耗、增强机体抵抗力等都具有重要作用。

食物来源：

日常生活中包含蛋白质多的食物有：畜肉类，如牛、羊、猪、狗等；禽肉类，如鸡、鸭、鹌鹑等；海鲜类，如鱼、虾、蟹等；蛋类，如鸡蛋、鸭蛋、鹌鹑蛋等；奶类，如牛奶、羊奶、马奶等；豆类，如黄豆、黑豆等。此外，芝麻、瓜子、核桃、杏仁、松子等干果类食品的蛋白质含量也很高。

〔脂肪〕

我们身体内部的消化、新陈代谢要有能量的支持才能完成，这个能量供应者就是脂肪。脂肪是由甘油和脂肪酸组成的三酰甘油酯。脂肪酸分为饱和脂肪酸和不饱和脂肪酸两大类。亚麻油酸、次亚麻油酸、花生四烯酸等均属在人体内不能合成的不饱和脂肪酸，只能由食物供给，又称作必需脂肪酸。必需脂肪酸主要含在植物油中，在动物油脂中含量较少。

脂肪的作用：

脂肪是构成人体组织的重要营养物质，尤其在大脑活动中起着重要的、不可替代的作用。脂肪具有为人体储存并供给能量，保持体温恒定及缓冲外界压力、保护内脏等作用，并可以促进脂溶性维生素的吸收，是身体活动所需能量的最主要来源。

食物来源：

富含脂肪的食物有花生、芝麻、蛋黄、动物类皮肉、花生油、豆油等。要多选择含不饱和脂肪酸较多的植物性油脂，因为它可以降低血中胆固醇含量，并能维持血液、动脉和神经系统的健康。

〔碳水化合物〕

碳水化合物是人类从食物中取得能量最经济和最主要的来源。食物中的碳水化合物分成两类：一类是人可以吸收利用的有效碳水化合物，如单糖、双糖、多糖，另一类是人不能消化的无效碳水化合物。碳水化合物是一切生物体维持生命活动所需能量的主要来源。它不仅是营养物质，而且有些还具有特殊的生理活性，如肝脏中的肝素有抗凝血作用。

碳水化合物的作用：

碳水化合物是人体能量的主要来源。它具有维持心脏正常活动、节省蛋白质、维持脑细胞正常功能、为机体提供热能及保肝解毒等多方面的作用。

食物来源：

碳水化合物的食物来源有粗粮、杂粮、蔬菜及水果几大类，具体有大米、小米、小麦、燕麦、高粱、西瓜、香蕉、葡萄、核桃、杏仁、榛子、胡萝卜、红薯等。

〔维生素A〕

维生素A的化学名为视黄醇，又叫抗干眼病维生素，具有维持人的正常视力、维护上皮组织细胞的健康和促进免疫球蛋白的合成的功能。维生素A还对预防心血管疾病、肿瘤以及延缓衰老有重要意义。

富含维生素A的食物有鱼肝油、牛奶、蜂蜜、木瓜、香蕉、胡萝卜、西蓝花、禽蛋、大白菜、西红柿、南瓜、绿豆、芹菜、菠菜等。

〔维生素B_1〕

维生素B_1又称硫胺素或抗神经炎素，具有调节神经系统生理活动的作用。人体需要充足的维生素B_1来维持良好的食欲与肠道的正常蠕动以及促进消化。

富含维生素B_1的食物有谷类、豆类、干果类、硬壳果类，谷类的表皮部分含量较高，所以谷类加工时碾磨精度不宜过细。蛋类及绿叶蔬菜中维生素B1的含量也较高。

〔维生素B_2〕

维生素B_2又叫核黄素，在碳水化合物、蛋白质和脂肪的代谢中起重要作用，可促进生长发育，维护皮肤和细胞膜的完整性，还能保护皮肤毛囊黏膜及皮脂腺，消除口舌炎症，增进视力，减轻眼睛疲劳。

维生素B_2的食物来源有奶类、蛋类、鱼肉、肉类、谷类、新鲜蔬菜与水果等动植物食物中。其实，只要不偏食、不挑食，人体一般不会缺乏维生素B_2。

〔维生素B_{12}〕

维生素B_{12}有预防贫血和维护神经系统健康的作用，还可有效预防中老年痴呆、抑郁症等疾病，对保持人体健康起着非常重要的作用。

维生素B_{12}主要来源于肉类及其制品，包括动物内脏、鱼类、禽类、贝壳类软体动物、蛋类、乳及乳制品，各类发酵食物中也含有少量维生素B_{12}。

〔维生素C〕

维生素C可以促进伤口愈合、增强机体抗病能力、改善贫血、提高免疫力等。维生素C还是眼内晶状体的营养要素，白内障患者应多补充维生素C。

维生素C主要来源于新鲜蔬菜和水果，如柑橘、草莓、猕猴桃、枣、胡萝卜、西红柿、白菜、青椒、菠菜、茼蒿等。蔬菜中有光合作用的叶部含量最高。

维生素C是水溶性维生素，所以摄入量在1000毫克内，一般不会伤害身体，可以通过尿液排出。

〔维生素D〕

维生素D是钙磷代谢的重要调节因子之一，可以提高机体对钙、磷的吸收，促进生长和骨骼钙化，维持血液中柠檬酸盐的正常水平。维生素D的来源较少，主要有鱼肝油、沙丁鱼、小鱼干、动物肝脏和蛋类，其中，鱼肝油是最丰富的来源。

〔维生素E〕

维生素E是一种脂溶性维生素，能保护T淋巴细胞、保护红细胞、抗自由基氧化、抑制血小板聚集，从而降低心肌梗死和脑梗塞的危险性，对烧伤、冻伤、毛细血管出血、更年期综合征、美容等方面有很好的疗效。维生素E可抑制眼睛晶状体内的过氧化脂反应，使末梢血管扩张，改善血液循环。维生素E还能促进性激素分泌，使男子精子活力和数量增加；使女子雌性激素浓度增高，提高生育能力，预防流产。维生素E缺乏时会出现睾丸萎缩和上皮细胞变性，孕育异常。

富含维生素E的食物有果蔬、坚果、瘦肉、乳类、蛋类、压榨植物油等。果蔬包括猕猴桃、菠菜、包菜、菜花、紫甘蓝、莴笋、甘薯、山药；坚果包括杏仁、榛子和胡桃；压榨植物油包括向日葵籽、芝麻、玉 米、橄榄、花生、山茶等。此外，红花、大豆、棉籽、小麦胚芽、鱼肝油都有一定含量的维生素E，含量最为丰富的是小麦胚芽，最初多数自然维生素E从麦芽油提取，通常从菜油、大豆油中获得。

〔维生素P〕

维生素P能防止维生素C被氧化而受到破坏，可以增强维生素C的效果。人体无法自身合成维生素P，因此必须从食物中摄取。柑橘类水果、杏、枣、樱桃、茄子、荞麦等都含有维生素P。

〔钙〕

钙是人体中最丰富的矿物质，是骨骼和牙齿的主要组成物质。血液、组织液等其他组织中也有一定的钙含量，虽然占人体含钙量不到1%，但对于骨骼的代谢和生命体征的维持有着重要的作用。

另外，钙还可维持肌肉神经的正常兴奋、调节细胞和毛细血管的通透性和强化神经系统的传导功能等。

钙的来源很丰富，乳制品如牛、羊奶及其奶粉、乳酪、酸奶；豆类与豆制品；海产品如虾、虾米、虾皮等；肉类与禽蛋如羊肉、猪肉等；蔬菜类如黑木耳、蘑菇等；水果与干果类如苹果、香蕉、黑枣、杏仁、胡桃、南瓜子、花生、莲子等。

〔铁〕

铁元素具有造血功能，是构成血红蛋白和肌红蛋白的元素。铁还在血液中起运输氧和营养物质的作用。中老年人缺铁会影响细胞免疫和机体系统功能，降低抵抗力。

富含铁元素的食物有动物肝脏、肾脏、瘦肉、蛋黄、鸡肉、鱼肉、虾、豆类及其制品、菠菜、芹菜、油菜、苋菜、荠菜、黄花菜、西红柿、杏、桃、李、葡萄干、红枣、樱桃、核桃等。

〔锌〕

锌是一些酶的组成要素，参与人体多种酶活动，参与核酸和蛋白质的合成，能提高人体的免疫功能。此外，锌还能够提高中老年人清除自由基的能力，推迟细胞衰老，延长细胞寿命。含锌较多的有牡蛎、瘦肉、西蓝花、蛋、粗粮、核桃、花生、西瓜子、板栗、干贝、榛子、松子、腰果、黄豆、银耳、小米、萝卜、海带、白菜等。

〔镁〕

镁在人体骨骼中的含量仅次于钙、磷，是骨细胞结构和功能所必需的元素，对促进骨形成和骨再生，维持骨骼和牙齿的强度和密度具有重要作用。镁能调节神经肌肉的兴奋性。镁、钙、钾离子协同维持神经肌肉的兴奋性，如果血中镁过低或钙过低，兴奋性均增高；反之则有镇静作用。对男性而言，镁的贡献非常大。镁能提高精子的活力，增强男性生育能力。

富含镁的食物有很多，其中紫菜含镁量最高，每100克紫菜中含镁460毫克，被喻为“镁元素的宝库”。谷类如小米、玉米、荞麦面、高粱、燕麦、通心粉；豆类如黄豆、黑豆、蚕豆、豌豆、豇豆、豆腐；蔬菜如冬菜、苋菜、辣椒、蘑菇；水果如杨桃、桂圆、核桃仁；其他如虾米、花生、芝麻、海产品等，均富含镁。

〔膳食纤维〕

膳食纤维是一般不易被消化的食物营养素，主要来自于植物的细胞壁，包含纤维素、半纤维素、树脂、果胶及木质素等。

膳食纤维是人们健康饮食不可缺少的，在保持消化系统的健康上扮演着重要的角色。摄取足够的膳食纤维也可以预防心血管疾病、癌症、糖尿病以及其他疾病。膳食纤维有增加肠道蠕动、增强食欲、减少有害物质对肠道壁的侵害、促使排便通畅、减少便秘及其他肠道疾病的发生的作用，同时膳食纤维还能降低胆固醇，以减少心血管疾病的发生。

富含膳食纤维的有糙米和玉米、小米、大麦等杂粮以及蔬菜和水果，根菜类和海藻类中膳食纤维含量较多，如牛蒡、芹菜、胡萝卜、薯类和裙带菜等。

不同人群有不同的营养需求，所以，即使是一家人，在营养需求方面也是各有重点。接下来的内容里，我们就会为您详细地介绍适合不同年龄段、不同人群的营养指南，帮你找到最合适的那一份。

〔幼儿营养指南〕

幼儿期是身体生长发育，尤其是智力发育的重要阶段，在饮食上以辅食逐渐替代母乳并转为主食。这一时期的幼儿能独立行走，活动范围和运动量都大大增加，因此需要保证足够的能量摄入，补充更多的营养。

孩子在3岁以前，大脑发育的速度是最快的，此时一定要注重大脑所需营养的补给，因为从食物中摄取营养的状况直接关系到宝宝大脑的发育程度。多吃肉、鱼、蛋类，肉类富含蛋白质，可为大脑补充能量；鱼肉蛋白所含必需氨基酸的量和比值最适合人体需要，容易被人体消化吸收，也是“脑黄金”DHA的重要来源；蛋类除了富含优质蛋白质外，其所含的卵磷脂有助于改善宝宝的记忆力。此外，还要适当吃些坚果类食品，以促进大脑发育。

幼儿膳食应专门单独加工、烹制，并选用适合的烹调方式和加工方法。应将食物切碎煮烂，易于幼儿咀嚼、吞咽和消化，特别注意要完全去除皮、骨、刺、核等；大豆、花生米等硬果类食物，应先磨碎，制成泥糊浆等状态进食；烹调方式上，宜采用蒸、煮、炖、煨等烹调方式，不宜采用油炸、烤、烙等方式。口味以清淡为好，不应过咸，更不宜食辛辣刺激性食物，尽可能少用或不用含味精或鸡精、色素、糖精的调味品。要注重花样品种的交替更换，以利于幼儿保持对进食的兴趣。

〔男性营养指南〕

现代生活的快节奏让男性更加忙碌，“营养失衡”这四个字对于一个不爱运动、每天8小时以上的时间与电脑为伴、每周至少三次宴会应酬的男人来说一点也不夸张。而长期营养失衡的结果是会带来各种各样的疾病，如性欲受挫、高血压、高血脂等。了解关系男性健康的营养素，才能让我们在忙碌的生活中不忘为健康加加油。

①硼——有效减轻前列腺癌

硼元素摄入量大的男性，患前列腺癌的几率比摄入量小的男性低65%。这说明摄入适量的硼可以有效减轻前列腺癌的发生。硼是广泛存在于水果和果仁中，多吃西红柿也会保护前列腺。

②叶酸——预防老年痴呆症

有研究者发现，男性老年痴呆发生率高。半胱氨酸增高可以增加老年痴呆病的发生，从而出现智力减退、记忆力丧失等早期症状，另外半胱氨酸还是一种促进血液凝固的氨基酸。进一步的研究发现，叶酸可以有效地降低半胱氨酸水平，从而能够提高进入到大脑中的血液量，因此叶酸可以帮助预防动脉栓子形成。叶酸的食物来源包括柑橘、豆类。

③钙——强壮骨骼、减肥

研究发现摄入钙较多的男性骨骼较为强壮，而且比摄入量少的男性平均起来要苗条一些，适当补充钙质还具有减肥疗效。男性每天推荐摄入钙的量为1克，但大部分男性都做不到这一点。含钙较多的有牛奶、奶酪、鸡蛋、豆制品、海带、紫菜、虾皮等。

④甲壳素——减轻关节疼痛

甲壳素可以减轻关节疼痛，并使关节的强度增强25%，还可以预防进行性风湿性膝关节炎。在环境污染日益严重的今天，甲壳素有助于减少体内重金属的积蓄并排出体内废物。饮食中添加虾蟹等食物可以增加甲壳素的摄入。

⑤镁——提高男性生育能力

镁有助于调节人的心脏活动，降低血压，预防心脏病。提高男士的生育能力。建议男士早餐应吃2碗加牛奶的燕麦粥和1个香蕉。含镁较多的食物有大豆、土豆、核桃仁、燕麦粥、通心粉、叶菜和海产品。

〔女性营养指南〕

现代女性面临着的生活压力越来越大：工作上的竞争和挑战，持家理财的繁琐和辛劳，赡养父母养育孩子的责任和义务……工作家庭两头忙，整日的奔波操劳，令人身心疲惫。面对繁忙的工作，就需要有足够的热量和均衡的营养使自己保持精力充沛。

①三餐饮食合理分配

在三餐的饮食分配比例上，一般以早餐摄入量占全天摄入食物总量的30%、午餐40%、晚餐30%为宜。早饭不仅要吃饱，而且也要吃好，要讲究饮食质量，要保证有一定量的牛奶、豆浆或鸡蛋等优质蛋白质的摄入。由于晚饭后至次日清晨的大部时间是在睡眠中度过，机体的热能消耗并不大，如果晚餐的热量摄入太多，多余的热量势必要转化成脂肪贮存在体内，天长日久就造成肥胖而有害于人体健康。所以晚餐应该少吃一些。

②按时就餐，不偏食

要养成按时就餐和不偏食的良好习惯。医学家认为，两餐之间的间隔一般以4～5小时为宜。因为一种混合膳食一般在胃里停留4～5小时，如果两餐间隔时间太长，容易感到饥饿，以致影响耐久力和工作效率;相反，两餐间隔时间太短，消化器官得不到适当休息，不容易恢复功能，又会影响食欲和消化。

③健脑饮食

白领女性在工作中由于精神压力较大，易觉疲劳，可出现神经衰弱综合症。因此，要注意健脑饮食。首先，应多食含氨基酸的鱼、奶、蛋等食物。因为氨基酸能保证脑力劳动者的精力充沛，提高思维能力；其次，脑力劳动的白领女性会大量消耗体内的维生素。因此，宜多食些富含维生素C的食物，如水果、蔬菜和豆类等；再次，适当补充含磷脂的食物如蛋黄、肉、鱼、白菜、大豆和胡萝卜等，一般认为每天补充10克以上的磷脂，可使大脑活动机能增强，提高工作效率。

④“三期”饮食

“三期”指白领妇女的月经期、孕期和哺乳期。月经期应增加含铁食物，以补充经血流失的铁质。宜多吃猪肝、瘦肉、鱼肉、紫菜、海带等。孕期和哺乳期要保证热量和优质蛋白质。怀孕后期每日热量要比平日增加200千卡，哺乳期每日热量要增加800千卡。同时，要供给足量矿物质和维生素，每日要补充铁10毫克。

〔老年人营养指南〕

老年人的饮食和营养摄取需要特别照顾，根据老年人的生理特性及各项营养需求，老年人的味觉、食欲和消化功能差，所以对膳食的要求较高、较讲究，摄入过多、过少都会产生相应的疾病，因此要使老年人健康长寿，在膳食方面必须注意。

①中老年人宜少吃多餐

由于年龄的增长，机体的退化，中老年人咀嚼能力和吞咽能力的减弱，食欲降低，每餐都进食较少，加上进食时间拖得较长，很多中老年人的日常三餐都不能定量，无法满足身体每日所必须的营养元素。因此，为了满足每天摄取足够的热量和营养，可以在三次主餐之间加餐，把每天的饮食分成五餐或者六餐进行，实现少吃多餐。

②中老年人宜补充植物性蛋白质

动物性蛋白质食物含有的胆固醇和饱和脂肪酸较高，中老年人在充分摄取动物性蛋白质的同时，也会吸收很多胆固醇和脂肪酸，这对于中老年人的身体健康是不利的。而植物性蛋白质的胆固醇和脂肪酸的含量相对很少，可以减少对于身体不利影响。因此，中老年人每天应限制动物性蛋白质食物的摄取量，并且要在饮食中添加富含植物性蛋白质进行营养补充。

③中老年人宜补充适量的豆制品

吃大豆或其制品大豆不但蛋白质丰富，对中老年女性尤其重要的是其丰富的生物活性物质大豆异黄酮和大豆皂甙，可抑制体内脂质过氧化、减少骨丢失，增加冠状动脉和脑血流量，预防和治疗心脑血管疾病和骨质疏松症。

④中老年人忌油脂摄取过多

鉴于中老年人身体的特殊性，饮食上摄取的油脂要以植物油为主，动物性油脂（猪油、牛油等）尽量少吃，是多元不饱和脂肪（玉米油、橄榄油等）和单元不饱和脂肪（花生油、葵花籽油、粟米油等）交替食用，以保证各种脂肪酸的均衡摄入。甜点糕饼类的零食属于高脂肪食物，油脂含量很高，中老年人应该少吃。另外，烹调食物时，要尽量避免油炸的方式。因为，多元不饱和脂肪酸最不稳定，在油炸高温下，最容易被氧化变性。而偏偏多元不饱和脂肪酸又是人体细胞膜的重要原料之一。

⑤中老年人忌暴饮暴食

由于中老年人的消化功能减退，新陈代谢减慢，血管弹性变弱，很多人都患有动脉硬化，尤其经不起暴饮暴食所带来的危害。暴饮暴食会严重地破坏中老年人的饮食平衡，给肠胃加重负担，会引起消化不良，容易发生心绞痛或诱发心肌梗死。所以在饮食时，宜细嚼慢咽，这既有助于食物消化吸收，又可避免引起梗噎呛咳。

〔孕妇营养指南〕

①孕妇需重点补充的营养素

叶酸：叶酸是一种水溶性的维生素。叶酸最重要的功能就是制造红细胞和白细胞，增强免疫力。叶酸可以预防宝宝神经管畸形，备孕妈妈严重缺乏叶酸时不但会让孕妈妈患上巨幼红细胞性贫血，还可能会让孕妈妈生在无脑儿、脊柱裂儿、脑积水儿等。孕前3个月就应该开始补充叶酸了，建议备孕妈妈平均每日摄入0.4毫克叶酸。

锌：锌是一些酶的组成要素，参与人体多种酶的活动，参与核酸和蛋白质的合成，能提高人体的免疫功能，对生殖功能也有着重要的影响。如果备孕妈妈和孕妈妈能摄入足量的锌，分娩时就会很顺利，新生儿也会非常健康。孕妈妈缺锌不仅会导致胎儿发育不良，且对孕妈妈自身来说，缺锌一方面会降低自身免疫力，另一方面还会造成孕妈妈味觉退化、食欲大减、妊娠反应加重，影响胎儿发育所需的营养。

铁：在备孕期间补充铁是很重要的。孕期缺铁性贫血会导致孕妈妈出现心慌气短、头晕、乏力的症状，也会导致胎儿宫内缺氧，生长发育迟缓，出生后出现智力发育障碍。备孕女性及孕妈妈每日应该至少摄入18毫克铁。

②孕前改掉不良饮食习惯

备孕的准妈妈们应该纠正生活中的一些不良的饮食习惯。从孕前就培养健康的饮食习惯和生活方式，会帮助您生到一个健康、聪明、可爱的宝宝。

偏食挑食：有的女性偏爱食用鸡鸭鱼肉和高档的营养保健品，或有的人只吃素菜，有的人不吃内脏（如猪肝）等，有的人不喝牛奶、不吃鸡蛋，造成营养单一。

无节制的进食：一些女性不控制饮食量，孕前肥胖，孕期体重增加高达40多千克，造成有的孕妇肥胖、胎儿巨大，有的孕妇肥胖，胎儿却很小。

常喝含咖啡因的饮料：如咖啡、可可、茶叶、巧克力和可乐型饮料等。女性大量饮用后，均会出现恶心、呕吐、头痛、心跳加快等症状，无益于女性健康。

吃过甜、过咸或过于油腻的食物：糖代谢过程中会大量消耗钙，吃过甜食物会导致孕前和孕期缺钙，且易体重增加。吃过咸食物容易引起孕期水肿。

多食味精：味精的成分是谷氨酸钠，进食过量可影响锌的吸收。

吸烟饮酒：烟里的尼古丁对受精卵、胎儿、新生儿的发育都有一定损害，酒精是导致胎儿畸形和智力低下的重要因素。

献给你的健康烹调技法

烹饪技法有很多，大多数都是关于怎么样使得菜肴更加美味的。但是很多时候美味的东西并不一定健康。你知道多少有助于健康的烹饪技法么？赶紧来看看吧。

〔先洗菜后切菜〕

蔬菜先洗后切与先切后洗营养差别很大！以新鲜绿叶蔬菜为例：在洗、切后马上测其维生素C的损失率是1%；切后浸泡10分钟，维生素C会损失16%；切后浸泡30分钟，维生素C会损失30%以上。切菜时一般不宜切太碎。可用手折断的菜，尽量少用刀。

〔淘米有讲究〕

有些人认为，淘米不淘个三五遍，不使劲揉搓，就不能把米淘干净。专家告诉你：淘米次数不可过多，一般用清水淘洗两遍即可，更不要使劲揉搓，因为每淘洗一次，硫胺素会损失31%以上，核黄素损失25%左右，蛋白质损失16%左右，脂肪损失43%左右。

〔出锅时再放盐〕

青菜在制作时应少放盐，否则容易出汤，导致水溶性维生素丢失。炒菜出锅时再放盐，这样盐分不会渗入菜中，而是均匀撒在表面，能减少摄盐量；或把盐直接撒在菜上，舌部味蕾受到强烈刺激，能唤起食欲。鲜鱼类可采用清蒸、油浸等少油、少盐的方法。肉类也可以做成蒜泥白肉、麻辣白肉等菜肴，既可改善风味又减少盐的摄入。

〔少用盐和味精〕

吸取过量的盐份和味精对身体绝无好处，可考虑用香料、调味醋、柑橘汁来取代盐。将大蒜和洋葱粉（不是蒜盐和葱盐）加进肉类和汤中，味道亦不错。

注意，三餐要吃得有原则

我们每天都要吃三顿饭，但是你知道这一日三餐也是要吃得有原则的么？简单地说，早餐吃好，午餐吃饱，晚餐吃少，这么简单的一句话就具有健康和营养等多方面的价值。

〔早餐要吃饱、吃好〕

早餐要吃好，午餐要吃饱，晚餐要吃少。营养学家建议，早餐应摄取约占全天总热能的30%，午餐约占40%，晚餐约占30%。而在早餐能量来源比例中，碳水化合物提供的能量应占总能量的55%–65%，脂肪应占20%–30%，蛋白质占11%–15%。早晨如果能量得不到及时、全面的补充，上午就会感到注意力不集中、思维迟钝，致使工作效率低下。

〔午餐补充全天能量〕

午餐在一日三餐中是最重要的，为整天提供的能量和营养素都是最重的，分别占了40%，对人在一天中体力和脑力的补充。所以午餐不只要吃饱，更要吃好。

①足够的碳水化合物

午餐的碳水化合物要足够，这样才能提供脑力劳动所需要的糖分。碳水化合物主要来自于谷类，宜选择淀粉含量高的谷类，如米饭、面条等。

②高质量的蛋白质

蛋白质可提高机体的免疫力，帮助稳定餐后血糖，为人体提供能源。高质量的蛋白质来源有肉、鱼、豆制品。但由于有些高蛋白质食物脂肪含量也高，因此要控制好摄入量，最好多选择脂肪含量少的豆制品和鱼类。

〔晚餐吃少、吃好保健康〕

晚餐千万不能吃得过撑。晚餐的时间最好安排在18时左右，尽量不要超过20时。晚餐后不要立刻就寝，否则会影响消化。

晚餐应选择含纤维和碳水化合物多的食物。蔬菜一定要吃。面食可适量减少，适当吃些粗粮。可以少量吃一些鱼类。晚上尽量不要吃水果、甜点、油炸食物。

Part 2

美味可以很简单，健康宝宝聪明餐

宝宝还没有完全断奶，但是身体已经生长发育得非常快，过了一段时间之后，就需要添加一些母乳以外的食物来喂养。那么，在这个特殊的转型期，宝宝的食材怎么选择、怎么烹制，也是专门的学问。父母在这段时间对宝宝的饮食要特别注意，以有效的食养方式，增强宝宝身体的免疫力。本章将根据宝宝辅食添加原则，精心选择适合宝宝食用的美食，为妈妈们提供完美指导。

南瓜浓汤

◉难易度：★★☆ ◉营养功效：健脾止泻

原料

南瓜200克，浓汤150毫升，配方奶粉20克

调料

白糖5克

烹饪小提示

在锅中加入少许鲜奶或鲜奶油一起拌煮，口感会更佳。南瓜熟食补益、利水；生用驱蛔、解毒。

做法

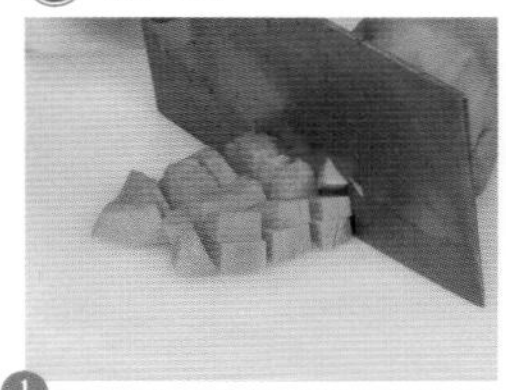

1. 将去皮洗净的南瓜切小块，将南瓜倒搅拌杯中，倒入鸡汤。

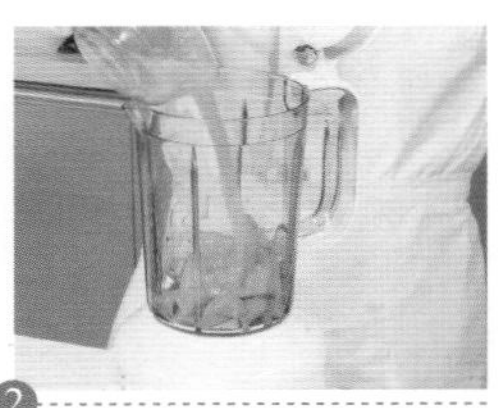

2. 选择“搅拌”功能，榨取南瓜鸡汤汁，倒入碗中。

3. 汤锅中加入清水、奶粉，拌至奶粉溶化。

4. 倒入南瓜鸡汤汁，加白糖，把煮好的浓汤盛出，装碗中即可。

西红柿红腰豆汤

◉难易度：★★☆ ◉营养功效：清热解毒

原 料

西红柿50克，紫薯、洋葱各60克，胡萝卜80克，西芹40克，熟红腰豆180克

调 料

盐2克，鸡粉2克，食用油适量

做 法

1.将洗净的西红柿、西芹切丁，洗好的洋葱、胡萝卜、紫薯切粒。2.用油起锅，倒入洋葱，倒入紫薯、西芹、西红柿、胡萝卜，炒匀，倒入熟红腰豆，倒入清水，拌匀。3.放入盐、鸡粉，拌匀，煮10分钟至食材熟透，将锅中汤料盛入碗中即可。

白玉金银汤

◉难易度：★★★ ◉营养功效：增高助长

原 料

豆腐120克，西蓝花35克，鸡蛋1个，鲜香菇30克，鸡胸肉25克，葱花少许

调 料

盐3克，鸡粉2克，水淀粉、食用油各适量

做 法

1.香菇、西蓝花、豆腐、鸡胸肉切好。2.鸡蛋打碗中，放鸡肉、盐、鸡粉、水淀粉、食用油，3.锅中加清水，放西蓝花、豆腐块，煮好。4.油起锅，加食材、香菇、清水、盐、鸡粉、鸡肉、水淀粉，鸡蛋液，煮至食材熟透，装碗即可。

鲜菇西红柿汤

◉难易度：★★☆ ◉营养功效：增强免疫

原料

玉米粒60克，青豆55克，西红柿90克，平菇50克，高汤200毫升，姜末少许

调料

水淀粉3毫升，盐2克，食用油适量

烹饪小提示

青豆和玉米粒可以切成碎末再放入锅中煮，这样有助于幼儿消化吸收。

做法

1 将洗净的平菇切粒，洗好的西红柿切丁。

2 用油起锅，倒入姜末、平菇，炒匀。

3 洗好的青豆，加入玉米粒，倒入高汤，放入盐，炒匀。

4 煮4分钟至食材熟透，倒入西红柿，拌匀煮沸。

5 倒入水淀粉，拌匀，煮片刻，将煮好的汤料盛出，装入碗中即可。

西蓝花浓汤

烹饪时间 Time 6分钟

◉难易度：★★★ ◉营养功效：增强免疫

原料

土豆90克，西蓝花55克，面包45克，奶酪40克

调料

盐少许，食用油适量

做法

1.锅中注入清水，放西蓝花，煮约1分钟，捞出。2.把面包切丁、土豆切小丁块，西蓝花切碎，奶酪制成奶酪泥。3.炒锅中加食用油，将面包炸至呈微黄色捞出。4.锅底留油，倒入土豆丁、清水，盐，盛出，放西蓝花，奶酪泥，榨汁，加上面包即成。

青菜猪肝汤

烹饪时间 Time 2分钟

◉难易度：★★☆ ◉营养功效：益智健脑

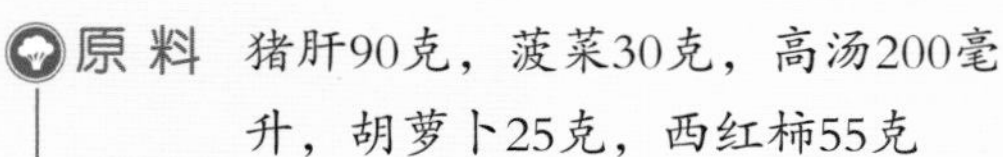

原料 猪肝90克，菠菜30克，高汤200毫升，胡萝卜25克，西红柿55克

调料 盐2克

做法

1.将菠菜切碎，猪肝切粒，西红柿切粒，洗好的胡萝卜切丝。2.用油起锅，倒入高汤，加入盐，倒入胡萝卜、西红柿，烧开。3.放入猪肝，拌匀，下入菠菜，拌匀，将锅中汤料盛出，装入碗中即可。

南瓜燕麦粥

◉难易度：★★☆ ◉营养功效：提高免疫

烹饪时间 Time 22分钟

原 料

南瓜190克，燕麦90克，水发大米150克

调 料

白糖20克，食用油适量

烹饪小提示

南瓜本身有甜味，所以煮制此粥时白糖不要放太多。

做 法

1. 将装好盘的南瓜放入烧开的蒸锅，蒸10分钟至熟。

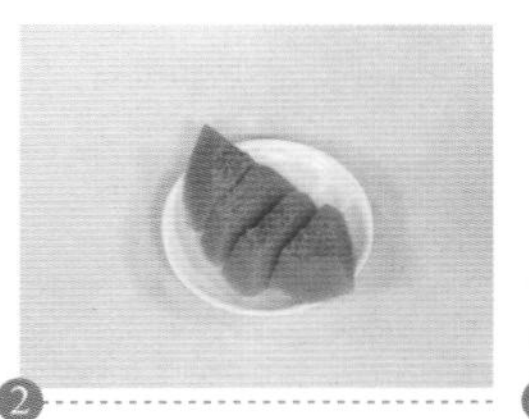

2. 用刀将南瓜压烂，剁成泥状。

3. 砂锅注入清水烧开，倒大米、食用油，煮20分钟至大米熟烂。

4. 放南瓜、白糖，煮至融化，将煮好的粥盛出，装入碗中即成。

烹饪时间 Time 37分钟

蔬菜三文鱼粥

◉难易度：★★☆ ◉营养功效：健脑益智

原料

三文鱼120克，胡萝卜50克，芹菜20克

调料

盐3克，鸡粉3克，水淀粉3克，食用油适量

做法

1.芹菜切粒，胡萝卜切粒，三文鱼切片，装碗中，放盐、鸡粉、水淀粉，腌渍入味。2.砂锅注入适量烧开，倒入水发大米，加食用油，拌匀，煲30分钟至大米熟透，倒入胡萝卜粒，煮5分钟至食材熟烂。3.加入三文鱼、芹菜，拌匀煮沸，加适量盐、鸡粉，把煮好的粥盛出，装入汤碗中即可。

山楂排骨粥

◉难易度：★★☆ ◉营养功效：开胃消食

原料

木耳40克，排骨300克，山楂90克，大米150克，黄花菜80克，葱花少许

调料

料酒8毫升，盐2克，鸡粉2克，胡椒粉少许

做法

1.洗好的木耳切成小块；洗净的山楂去核，切成小块。2.砂锅中注入清水烧开，倒入大米，加入洗净的排骨，拌匀，淋入料酒，搅拌片刻，煮至沸腾。3.倒入木耳、山楂，加入洗净的黄花菜，拌匀，煮30分钟至食材熟透，放入盐、鸡粉、胡椒粉，拌匀，盛出煮好的的粥，装入碗中，撒上葱花即可。

烹饪时间 Time 32分钟

烹饪时间
Time
41分钟

胡萝卜南瓜粥

◉难易度：★★☆　◉营养功效：开胃消食

原料

水发大米80克，南瓜90克，胡萝卜60克

做法

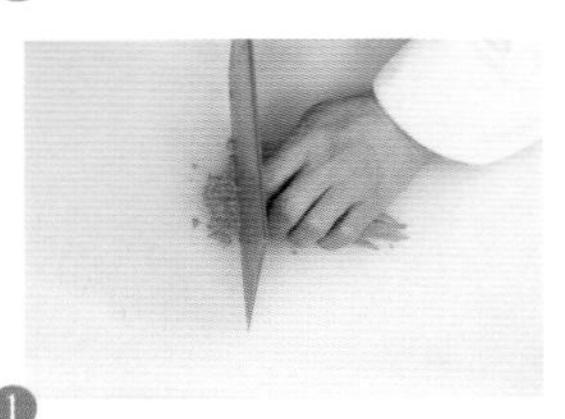

1 洗好的胡萝卜切粒，洗净去皮的南瓜切粒。

2 砂锅中注入清水烧开，倒入洗净的大米，拌匀。

3 放入南瓜、胡萝卜，搅拌均匀。

4 煮约40分钟至食材熟软，持续搅拌一会儿。

5 关火后盛出煮好的粥，装入碗中即可。

烹饪小提示

若不喜欢胡萝卜的味道，可将其焯水后煮粥，会减弱其味道。

香菇大米粥

◉难易度：★★☆ ◉营养功效：益智健脑

原 料

水发大米120克，鲜香菇30克

调 料

盐、食用油各适量

做 法

1.洗好的香菇切成丝，改切成粒。2.砂锅置火上，注入适量清水，大火烧开，倒入洗净的大米，拌匀，煮约30分钟至大米熟软。3.倒入香菇粒，煮至断生，加入盐、食用油，搅拌，盛出煮好的粥，装入碗中，待稍微放凉即可食用。

芝麻猪肝山楂粥

◉难易度：★★★ ◉营养功效：健脑益智

原 料

猪肝150克，大米120克，山楂100克，花生米90克，白芝麻15克，葱花少许

调 料

盐、鸡粉、水淀粉、食用油各适量

做 法

1.将洗净的山楂去除果核，切小块；洗猪肝切薄片。2.把猪肝片装碗中，放盐、鸡粉、水淀粉、食用油，腌渍入味。3.砂锅中注入清水烧开，倒入大米、花生米，搅拌，煮约30分钟，倒入山楂、白芝麻、猪肝，煮至食材熟透，加盐、鸡粉，盛出煮好的猪肝粥，装入汤碗中，撒上葱花即成。

什锦炒软饭

◉难易度：★★☆　◉营养功效：增强免疫

原 料

西红柿60克，鲜香菇25克，肉末45克，软饭200克，葱花少许

调 料

盐少许，食用油适量

烹饪小提示

撒上葱花后要用中火快速炒几下，这样既可使葱散发出香味，又能保有其脆嫩的口感。

做 法

1. 将洗净的西红柿切小瓣，切丁；洗净的香菇切小丁块。

2. 用油起锅，倒入肉末，放入西红柿、香菇，炒匀。

3. 倒入软饭，撒上葱花，炒出葱香味。

4. 调入盐，盛出炒好的食材，装在碗中即成。

豆干肉丁软饭

◉难易度：★★☆　◉营养功效：开胃消食

原 料

豆腐干50克，瘦肉65克，软饭150克，葱花少许

调 料

盐少许，鸡粉2克，生抽4毫升，水淀粉3毫升，料酒2毫升，黑芝麻油2毫升，食用油适量

做 法

1.将洗好的豆腐干切丁，洗净的瘦肉切丁。2.把瘦肉丁装入碗中，放入盐、鸡粉、水淀粉，拌匀，倒入食用油，腌渍入味。3.用油起锅，倒入肉丁，炒至转色，放入豆腐干，炒匀，淋入料酒，加入生抽，倒入软饭，炒匀，放入葱花，淋入黑芝麻油，炒至软饭入味，将炒好的米饭盛出，装入碗中即可。

培根炒软饭

◉难易度：★★☆　◉营养功效：健胃消食

原 料

培根45克，鲜香菇25克，彩椒70克，米饭160克，葱花少许

调 料

盐少许，生抽2毫升，食用油适量

做 法

1.将洗净的香菇切丁，洗好的彩椒切丁，培根切粒。2.锅中注入清水烧开，放入香菇，加入食用油，倒入彩椒，拌匀，煮半分钟至断生，捞出。3.用油起锅，放入培根，下入香菇和彩椒，炒匀，倒入米饭，加入生抽、盐，放入葱花，翻炒均匀，将炒好的米饭盛出，装入碗中即可。

烹饪时间 Time 2分钟

火腿青豆焖饭

◉难易度：★★☆ ◉营养功效：开胃消食

原料

火腿45克，青豆40克，洋葱20克，高汤200毫升，软饭180克

调料

盐少许，食用油适量

烹饪小提示

高汤不要加太多，以免掩盖火腿、青豆等食材本身的味道。

做法

1 将火腿切成粒，洗净的洋葱切成粒。

2 锅中注入清水烧开，倒入洗净的青豆，煮3分钟至熟，捞出。

3 用油起锅，倒入洋葱，炒匀。

4 加入火腿，放入青豆，倒入高汤，炒匀。

5 放入软饭、盐，炒匀，将锅中材料盛出装碗即可。

干贝蛋炒饭

◉难易度：★★☆ ◉营养功效：增强免疫

原 料

冷米饭180克，干贝40克，鸡蛋1个，葱花少许

调 料

盐、鸡粉各2克，食用油适量

做 法

1.洗净的干贝拍碎；将鸡蛋打入碗中，制成蛋液。2.热锅注油，放入干贝，炸至金黄色，捞出，沥干油。3.锅留底油烧热，倒入蛋液，炒呈蛋花状，倒入米饭，加入盐、鸡粉，撒上干贝，炒匀，倒入葱花，炒出香味，盛出即可。

南瓜虾仁炒饭

◉难易度：★★★◉营养功效：益智健脑

原 料

南瓜60克，胡萝卜80克，虾仁65克，豌豆50克，米饭100克，黑芝麻15克，奶油30克

做 法

1.去皮的胡萝卜切碎末，去皮的南瓜切粒，豌豆切开，虾仁切碎。2.锅中注入清水烧开，倒入豌豆，煮约2分钟，倒入胡萝卜、南瓜，煮至断生，捞出。3.沸水锅中倒入虾仁，煮约1分30秒，捞出。4.煎锅火上烧热，倒入奶油、虾仁、胡萝卜、南瓜、豌豆、米饭、清水、黑芝麻，炒匀，盛出即可。

青菜蒸豆腐

◉难易度：★★☆　◉营养功效：保护视力

原 料

豆腐100克，上海青60克，熟鸡蛋1个

调 料

盐2克，水淀粉4毫升

烹饪时间 Time 11分钟

烹饪小提示

抹平豆腐泥时，用牙签插上几个气孔，可以缩短蒸熟食材的时间。

做 法

1. 锅中注水烧开，放入上海青，焯煮约半分钟，捞出，沥干。

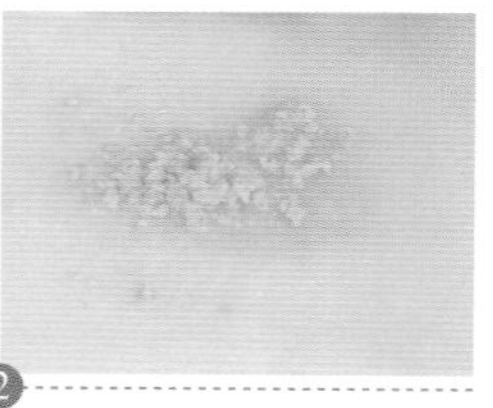

2. 将上海青剁成末，豆腐剁成泥，熟鸡蛋取出蛋黄，切成碎末。

3. 取碗，倒入豆腐泥，上海青，加入盐、水淀粉，拌匀。

4. 装入另一个碗中，撒上蛋黄末，蒸熟，取出即成。

芝麻带鱼

◉难易度：★★★　◉营养功效：提高免疫

原 料

带鱼140克，熟芝麻20克，姜片、葱花各少许

调 料

盐3克，鸡粉3克，生粉7克，生抽4毫升，水淀粉、辣椒油、老抽、食用油各适量

做 法

1.将处理干净的带鱼鳍剪去，切小块。2.带鱼块加姜片、盐、鸡粉、生抽、料酒、生粉，拌匀，腌渍入味。3.起油锅，将带鱼块炸至金黄色，捞出。4.锅底留油，倒入清水，淋入辣椒油，加盐、鸡粉、生抽，拌匀煮沸，倒入水淀粉、老抽，放入带鱼块，炒匀，撒入葱花，炒香，盛出装盘，撒上熟芝麻即可。

黄瓜酿肉

◉难易度：★★☆　◉营养功效：清热解毒

原 料

猪肉末150克，黄瓜200克，葱花少许

调 料

鸡粉2克，盐少许，生抽3毫升，生粉3克，水淀粉、食用油各适量

做 法

1.洗净的黄瓜去皮，切段，做成黄瓜盅，装入盘中；猪肉末中加鸡粉、盐、生抽，放入水淀粉，拌匀，腌渍片刻。2.锅中注入清水烧开，加入食用油，放入黄瓜段，拌匀，煮至断生，捞出，在黄瓜盅内抹上生粉，放入猪肉末。3.蒸锅注水烧开，放入食材，蒸5分钟至熟，取出蒸好的食材，撒上葱花即可。

五宝菜

◉难易度：★★☆　◉营养功效：清热解毒

原 料

绿豆芽45克，彩椒、胡萝卜各40克，小白菜、鲜香菇各35克

调 料

盐3克，鸡粉少许，料酒3毫升，水淀粉、食用油各适量

烹饪小提示

烹饪此菜时，可以适当多放入一些食用油，不仅能增强此菜的清香味，还可使口感更清甜。

做 法

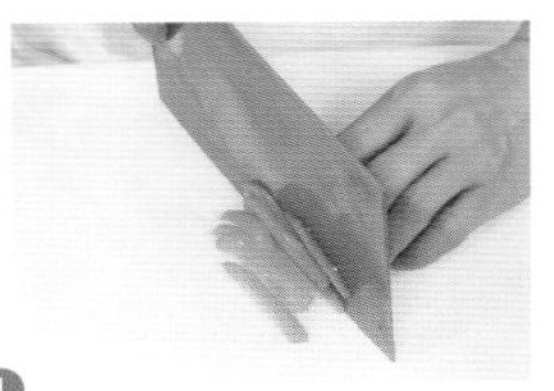

1. 洗净的彩椒切丝；洗好的香菇切粗丝；去皮洗净的胡萝卜切细丝。

2. 胡萝卜丝、香菇丝、绿豆芽焯水。

3. 再倒入小白菜、彩椒，续煮约1分钟，捞出。

4. 起油锅，倒入食材，淋入料酒，炒匀。

5. 加盐、鸡粉、水淀粉，炒熟，盛出炒制好的菜肴，装在盘中即成。

莲藕酥汁丸

◉难易度：★★☆　◉营养功效：增强免疫

原 料

莲藕200克，肉末130克，高汤200毫升

调 料

盐少许，生粉适量

做 法

1.将洗净的莲藕切厚片，拍碎，剁成末。2.把藕末装入碗中，加入少许盐，放入肉末，抓匀，加入适量生粉，抓匀，再倒入适量高汤，抓匀。3.将肉末捏成丸子，装入盘中待用，把装有肉丸的盘子放入烧开的蒸锅中，用中火蒸10分钟至熟，将蒸好的丸子取出即可。

土豆西蓝花泥

◉难易度：★★☆　◉营养功效：增强免疫

原 料

土豆135克，西蓝花75克，奶酪45克

做 法

1.锅中注入适量清水烧开，倒入洗净的西蓝花，焯煮约1分钟至熟，捞出放凉后剁成碎末。2.把去皮洗净的土豆切片，再切成条，改成小段，将切好的食材分别装在容器中，待用。3.蒸锅上火，放入切好的土豆，蒸熟，取出，放凉，取来榨汁机，放入西蓝花末，倒入土豆，倒入奶酪，搅约1分钟至全部食材成泥状，盛在小碗中即成。

鸡丝苦瓜

◉难易度：★★☆　◉营养功效：清热解毒

原 料

鸡胸肉100克，苦瓜110克，姜末少许

调 料

盐、鸡粉、白糖各2克，水糖粉4毫升，料酒2毫升，食用油适量

烹饪小提示

将苦瓜切开去籽后，还要把附在其内壁上的白囊刮除干净，这样可以大大减少苦味。

做 法

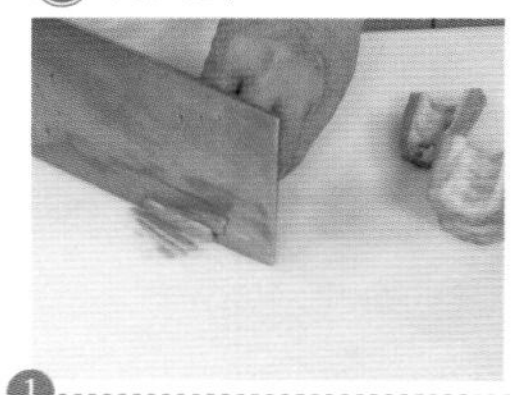

1. 将洗净的苦瓜去除瓜瓤，切条；洗好的鸡胸肉切丝。

2. 鸡肉丝中加盐、鸡粉、水淀粉、食用油，腌渍入味。

3. 锅中注水烧开，放盐、苦瓜，煮2分钟，捞出，沥干水分。

4. 起油锅，放姜末、鸡肉丝、料酒、苦瓜，加盐、白糖、水淀粉，炒入味，盛出，装盘即可。

西红柿烧牛肉

◉难易度：★★☆　◉营养功效：开胃消食

原 料

西红柿90克，牛肉100克，姜片、蒜片、葱花各少许

调 料

盐3克，鸡粉、白糖各2克，食粉少许，番茄汁15克，料酒3毫升，水淀粉2毫升，食用油适量

做 法

1.洗净的西红柿去蒂，切小块；洗好的牛肉切片。2.牛肉片中加食粉、盐、鸡粉、水淀粉、食用油，腌渍入味。3.用油起锅，下入姜片、蒜片，倒入牛肉片，淋入料酒，炒香，下入西红柿，倒入清水，加入盐、白糖，拌匀，焖3分钟至熟，放入番茄汁，炒至食材入味，将炒好的菜盛出，装入碗中，放入葱花即可。

彩椒炒绿豆芽

◉难易度：★★☆　◉营养功效：清热解毒

原 料

彩椒70克，绿豆芽65克

调 料

盐、鸡粉各少许，水淀粉2毫升，食用油适量

做 法

1.把洗净的彩椒切成丝，备用。2.锅中倒入适量食用油，下入切好的彩椒，再放入洗净的绿豆芽，翻炒至食材熟软。3.加入盐、鸡粉，炒匀调味，倒入适量水淀粉，快速拌炒均匀至食材完全入味，将炒好的菜盛出，装入盘中即可。

烹饪时间
Time
3分钟

香菇鸡肉羹

◉难易度：★★☆　◉营养功效：益智健脑

原 料

鲜香菇40克，上海青30克，鸡胸肉60克，软饭适量

调 料

盐少许，食用油适量

烹饪小提示

炒制时可以加入少许芝麻油，能使成品味道更加鲜美。

做 法

1 汤锅中注水烧开，放入洗净的上海青，煮约半分钟至断生，捞出。

2 将上海青剁碎，香菇切粒，鸡胸肉剁成末。

3 起油锅，倒入香菇，放入鸡胸肉，炒至转色。

4 加入清水、软饭，炒匀，加盐，拌匀。

5 放入上海青，炒匀，将炒好的食材盛出，装入碗中即成。

豆腐牛肉羹

◉难易度：★★★ ◉营养功效：增强免疫

原料

牛肉90克，豆腐80克，鸡蛋1个，鲜香菇30克，姜末、葱花各少许

调料

盐少许，料酒3毫升，水淀粉、食用油各适量

做法

1.洗好的豆腐切丁，洗净的香菇切粒，洗好的牛肉剁成肉末。2.把鸡蛋打入碗中，调匀。3.锅中注水烧开，倒入豆腐、香菇，煮断生，捞出。4.起油锅，放入姜末，倒入牛肉粒，淋入料酒，炒香，淋入清水，倒入豆腐和香菇，加盐，煮熟，捞出锅中浮沫，倒入水淀粉、蛋液，煮沸，放入葱花，盛出，装入碗中即可。

西红柿炒秀珍菇

◉难易度：★★☆ ◉营养功效：提高免疫

原料

西红柿90克，秀珍菇45克

调料

盐2克，鸡粉少许，白糖2克，食用油适量

做法

1.将洗净的西红柿去蒂，切小块；洗净的秀珍菇切小块。2.锅中注入清水烧开，放入盐，倒入秀珍菇，拌匀，煮半分钟，捞出，沥干水分。3.用油起锅，倒入西红柿，放入秀珍菇，倒入清水，加入盐、鸡粉、白糖，拌炒匀至入味，倒入水淀粉，将炒好的菜盛出，装入碗中即可。

火腿花菜

◉难易度：★★☆　◉营养功效：增强免疫

原 料

火腿80克，花菜200克，姜片、蒜末、葱段各少许

调 料

盐3克，鸡粉2克，水淀粉2毫升，食用油适量

烹饪小提示

火腿本身含有较多的盐分，所以炒制此菜时盐可以少放。

做 法

1. 将洗净的花菜切小块，洗好的火腿切片。

2. 锅中注水烧开，加盐、食用油、花菜，煮断生，捞出。

3. 用油起锅，下入姜片、蒜末，放入火腿片，拌炒香。

4. 倒入花菜，加清水、盐、鸡粉、水淀粉、葱段，炒匀，盛出，装碗即可。

茄汁猪排

◉难易度：★★★　◉营养功效：清热解毒

原料

猪里脊肉120克，西蓝花80克，西红柿40克，芥蓝梗35克

调料

盐2克，鸡粉2克，白糖4克，生粉10克，番茄酱30克，食用油适量

做法

1.将去皮洗净的西红柿剁粒，西蓝花切小朵，里脊肉切肉丁。2.将肉丁绞至颗粒状，取出，加盐、鸡粉、生粉，拌匀。3.芥蓝梗焯煮断生，捞出，西蓝花焯煮断生，捞出，沥干。4.肉粒分三等分，入油锅煎熟，盛出。5.锅底留油，倒入西红柿，注入清水，淋入番茄酱，撒上白糖、盐，拌匀，下入肉饼，西蓝花摆盘，放上猪肉排，撒上芥蓝梗，浇上稠汁即成。

茄汁鸡肉丸

◉难易度：★★★　◉营养功效：增高助长

原料

鸡胸肉200克，马蹄肉30克

调料

盐2克，鸡粉2克，白糖5克，番茄酱35克，水淀粉、食用油各适量

做法

1.洗好的马蹄肉剁末，洗净的鸡胸肉切肉丁。2.将肉丁绞成颗粒状的肉末，取出，加盐、鸡粉、水淀粉，拌匀，倒入马蹄肉，摔打几下，使肉末起劲。3.将肉末分成若干等份的小肉丸，下入锅中，炸熟，捞出。4.锅底留油，放入番茄酱，撒上白糖，倒入肉丸，淋上水淀粉勾芡，炒匀，盛出，放在盘中即成。

烹饪时间
Time
2分钟

肉松鲜豆腐

◉难易度：★★☆ ◉营养功效：健胃消食

原料

肉松30克，火腿50克，小白菜45克，豆腐190克

调料

盐3克，生抽2毫升，食用油适量

烹饪小提示

豆腐含有人体必需的蛋氨酸，与肉类或者蛋类食材同时烹饪，可以明显提高豆腐所含蛋白质的利用率。

做法

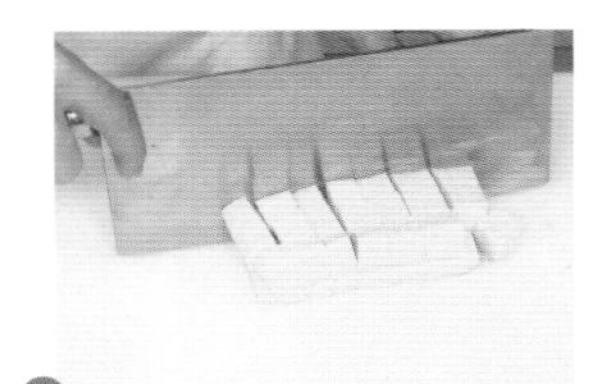

1. 将洗净的豆腐切小方块，洗好的小白菜切粒，火腿切粒。

2. 豆腐块焯煮1分30秒，捞出，沥干水分。

3. 用油起锅，放火腿粒、小白菜，炒匀。

4. 放入生抽，加入盐，炒匀调味。

5. 把炒制好的材料盛放在豆腐块上，最后放上肉松即可。

鳕鱼香菇青菜粥

◉难易度：★★★ ◉营养功效：益智健脑

原料

鳕鱼70克，鲜香菇50克，生菜40克，水发大米120克

调料

盐少许，料酒2毫升

做法

1.将洗净的鳕鱼装入盘中，加入盐、料酒，抓匀，腌渍入味。2.把鳕鱼放入烧开的蒸锅中，蒸8分钟至熟，取出，把鱼肉剁成肉末。3.洗净的生菜切碎，洗好的香菇切粒。4.汤锅中注入清水烧开，倒入大米，搅匀，煮30分钟至大米熟烂，倒入香菇，倒入鳕鱼肉，加盐，放入生菜，拌匀，盛出装入碗中即可。

蒸肉丸子

◉难易度：★★☆ ◉营养功效：开胃消食

原料

土豆170克，肉末90克，蛋液少许

调料

盐、鸡粉各2克，白糖6克，生粉适量，芝麻油少许

做法

1.洗净去皮的土豆切片，放入蒸锅中蒸熟软，取出，放凉后压成泥。2.取一个大碗，倒入肉末，加入盐、鸡粉、白糖，倒入蛋液，倒入土豆泥，撒上生粉，拌匀。3.将土豆肉末泥做成数个丸子，放入蒸盘，蒸锅上火烧开，放入蒸盘，蒸约10分钟至食材熟透，取出蒸盘，待稍微放凉后即可食用。

三色肝末

◉难易度：★★☆　◉营养功效：增强免疫

原 料

猪肝100克，胡萝卜60克，西红柿45克，洋葱30克，菠菜35克

调 料

盐、食用油各少许

烹饪小提示

煮猪肝时宜用中火，这样煮好的猪肝口感更佳。

做 法

1. 洋葱剁碎，去皮的胡萝卜切粒，西红柿、菠菜、猪肝分别切碎。

2. 锅中注入清水烧开，加入食用油、盐。

3. 倒入胡萝卜、洋葱、西红柿，拌匀。

4. 放入猪肝、菠菜煮至熟，盛出即可。

烹饪时间 Time 15分钟

清炒时蔬鲜虾

◉难易度：★★★　◉营养功效：提高免疫

原料

西葫芦100克，鲜百合25克，虾仁40克，姜末、葱末各少许

调料

盐4克，鸡粉2克，料酒3毫升，水淀粉、食用油各适量

做法

1.将洗净的西葫芦切薄片；洗净的虾仁挑去虾线，切小丁块。2.把虾肉丁装在碗中，放入盐、鸡粉、水淀粉、食用油，腌渍入味。3.西葫芦片焯煮约半分钟，放入洗净的百合，再煮约半分钟，捞起，沥干。4.用油起锅，倒入姜末、葱末、虾肉丁，炒至虾肉呈淡红色，淋入料酒，放入食材，炒至食材熟透，调入盐、鸡粉，翻炒入味即成。

虾仁炒猪肝

◉难易度：★★★　◉营养功效：益智健脑

原料

虾仁50克，猪肝100克，苦瓜80克，彩椒120克，姜片、蒜末、葱段各少许

调料

盐4克，鸡粉3克，水淀粉6毫升，料酒7毫升，白酒少许，食用油适量

做法

1.彩椒切小块，苦瓜去籽、白瓤，切小块，虾仁去虾线，猪肝切片。2.猪肝片中放入虾仁，加调料腌渍入味。3.苦瓜、彩椒块焯水后捞出，虾仁、猪肝汆水至变色，捞出。4.起油锅，放入姜片、蒜末、葱段，倒入虾仁和猪肝，加入料酒，放入苦瓜和彩椒，加入鸡粉、盐，倒入水淀粉，炒熟，盛出，装盘即可。

烹饪时间 Time 2分钟

炒三丁

◉难易度：★★★ ◉营养功效：健胃消食

原 料

黄瓜170克，鸡蛋1个，豆腐155克，面粉30克

调 料

盐3克，生抽2毫升，水淀粉3毫升，食用油适量

烹饪小提示

将豆腐配以其他肉类或者蛋类食材烹饪，可以明显提高豆腐所含蛋白质的利用率。

做 法

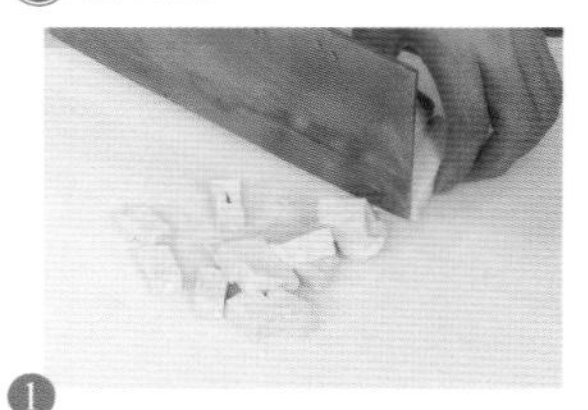

1 把洗净的豆腐切小方块，洗好的黄瓜切丁。

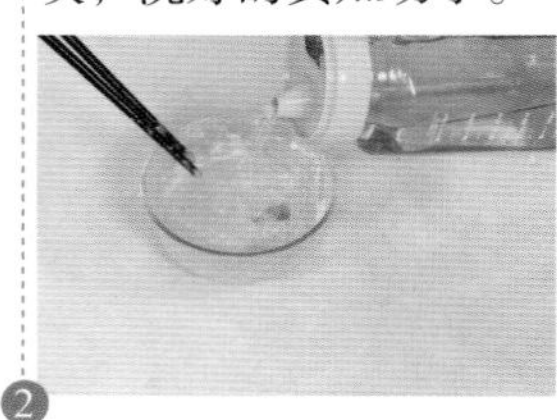

2 鸡蛋打入碗，放盐、面粉、食用油，调成鸡蛋面糊。

3 取碗，放食用油、鸡蛋面糊，蒸成蛋糕，取出，切小块。

4 豆腐、黄瓜焯水断生，捞出，沥干水分。

5 起油锅，放黄瓜、豆腐、蛋糕，加盐、生抽、水淀粉，炒入味，盛出，装入碗中即可。

虾丁豆腐

◉难易度：★★★ ◉营养功效：益智健脑

原 料

虾仁65克，豆腐130克，鲜香菇30克，核桃粉50克

调 料

盐3克，水淀粉3毫升，食用油适量

做 法

1.将洗净的豆腐切小块，洗好的香菇切粒，虾仁去虾线，切丁。2.将虾肉装入碗中，放入盐、水淀粉、食用油，腌渍入味。3.锅中注水烧开，加入盐，倒入豆腐，煮1分钟，去除酸味，下入香菇，再煮半分钟，捞出。4.用油起锅，倒入虾肉，炒至转色，放入豆腐和香菇，加入盐，淋入清水，炒匀，放入核桃粉，炒匀，将炒好的菜肴盛出，装碗即可。

清炒蚝肉

◉难易度：★★☆ ◉营养功效：增强免疫

原 料

生蚝肉180克，彩椒40克，姜片、葱段各少许

调 料

料酒4毫升，生抽3毫升，蚝油3克，水淀粉3毫升，食用油适量

做 法

1.洗好的彩椒切小块。2.锅中注入清水烧开，倒入彩椒，加入洗净的生蚝肉，拌匀，煮半分钟，至其断生，捞出，沥干水分。3.用油起锅，放入姜片、葱段，倒入生蚝肉、彩椒，炒匀，淋入料酒，加入生抽、蚝油，倒入水淀粉，炒匀，将炒好的菜肴盛出，装盘即可。

猪肝炒花菜

◉难易度：★★☆　◉营养功效：开胃消食

原料

猪肝160克，花菜200克，胡萝卜片、姜片、蒜末、葱段各少许

调料

盐3克，鸡粉2克，生抽3毫升，料酒6毫升，水淀粉、食用油各适量

烹饪小提示

清洗猪肝时，加少许白醋，不仅能有效去除其表面黏液，还可防止滑刀。

做法

1. 花菜洗净，切小朵；猪肝洗净，切片。

2. 猪肝片中加盐、鸡粉、料酒、食用油，腌渍入味。

3. 花菜焯水后捞出，沥干水分。

4. 起油锅，放胡萝卜片、姜片、蒜末、葱段、猪肝，炒松散，加花菜、调料，炒匀，盛出装盘即成。

菠菜拌鱼肉

◉难易度：★★☆ ◉营养功效：提高免疫

原料

菠菜70克，草鱼肉80克

调料

盐少许，食用油适量

做法

1.汤锅中注入清水烧开，放入菠菜，煮4分钟至熟，捞出。2.将装有鱼肉的盘子放入烧开的蒸锅中，蒸10分钟至熟，取出，将菠菜切碎，把鱼肉压烂，剁碎。3.用油起锅，倒入鱼肉，放入菠菜，放入盐，炒匀，将锅中材料盛出，装入碗中即可。

口蘑蒸牛肉

原料

卤牛肉125克，口蘑55克，苹果40克，胡萝卜30克，西红柿25克，洋葱15克

调料

番茄酱10克，食用油适量

做法

1.洗净的口蘑切丁，卤牛肉切丁，洗好的西红柿切粒状，洗净的胡萝卜切小丁块，洗好的洋葱切碎丁，洗净的苹果去核、果皮，切小块。2.起油锅，倒入洋葱、西红柿、胡萝卜、苹果、番茄酱，注入清水，煮沸，即成酱料，盛出。3.取一蒸盘，放入口蘑、牛肉，铺好，上蒸锅蒸熟，取出，浇上酱料即可。

烹饪时间
Time
2分钟

草莓苹果汁

◉难易度：★★☆ ◉营养功效：健胃消食

原料

苹果120克，草莓100克，柠檬70克

调料

白糖7克

烹饪小提示

苹果榨汁时不宜去皮，以免损失了营养物质。

做法

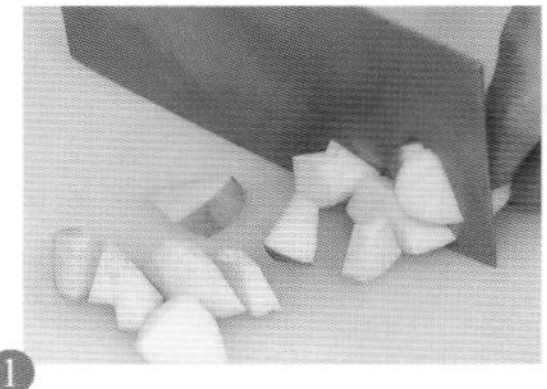

1. 将洗净的苹果切瓣，去除果核，切块，洗净的草莓去除果蒂，切小块。

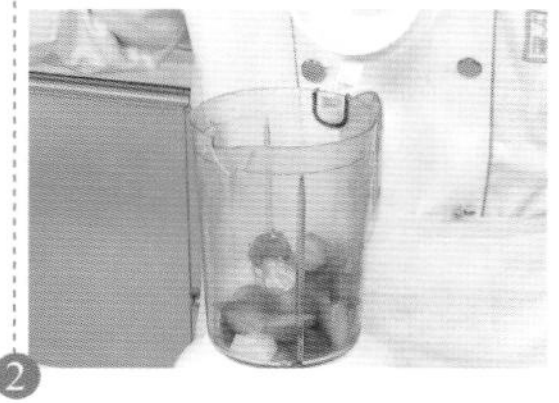

2. 取榨汁机，倒入水果、矿泉水、白糖。

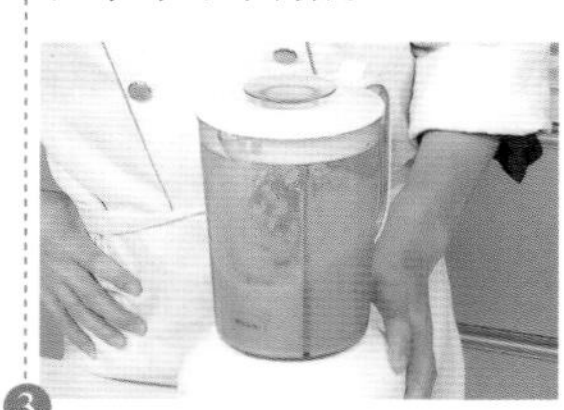

3. 搅拌一会儿，榨出果汁。

4. 取洗净的柠檬，挤入柠檬汁。

5. 选择“榨汁”功能，拌一会儿，至果汁混合均匀，倒出搅拌好的果汁，装入碗中即成。

西瓜西红柿汁

◉难易度：★☆☆ ◉营养功效：开胃消食

原 料

西瓜果肉120克，西红柿70克

做 法

1.将西瓜果肉切成小块；洗净的西红柿切开，切成小瓣，待用。2.取榨汁机，选择搅拌刀座组合，倒入切好的食材，注入少许纯净水，盖上盖。3.选择“榨汁”功能，榨取蔬菜汁，断电后倒出蔬菜汁，装入碗中即可。

橘子汁

◉难易度：★☆☆ ◉营养功效：开胃消食

原 料

橘子肉60克

做 法

1.取榨汁机，选择搅拌刀座组合，倒入备好的橘子肉。2.注入适量纯净水，盖上盖。3.选择“榨汁”功能，榨取橘子汁，断电后倒出橘子汁，装入杯中即可。

糙米豆浆

◉难易度：★★☆　◉营养功效：清热解毒

原料

水发黄豆70克，水发糙米35克

调料

冰糖适量

烹饪小提示

泡发黄豆时可以用温水，这样能缩短泡发的时间。

做法

1. 将已浸泡4小时的糙米，已浸泡8小时的黄豆洗净，沥干。

2. 将洗好的食材倒入豆浆机中，加入冰糖，注水至水位线即可。

3. 选择“五谷”程序，待豆浆机运转约20分钟，即成豆浆。

4. 将豆浆倒入滤网，滤取豆浆，倒入碗中，待稍凉后即可饮用。

核桃豆浆

◉难易度：★★★ ◉营养功效：益智健脑

原 料

水发黄豆120克，核桃仁40克

调 料

白糖15克

做 法

1.取榨汁机，倒入洗净的黄豆，注入清水。2.选择“榨汁”功能，拌至黄豆成细末状，倒出，用滤网滤取豆汁，装入碗中。3.取榨汁机，放入洗净的核桃仁，注入豆汁，选择“榨汁”功能，拌至核桃仁呈碎末状，即成生豆浆。4.砂锅置火上，倒入生豆浆，煮约1分钟，掠去浮沫，加入白糖，拌匀，煮至糖分溶化，装入碗中即成。

红枣花生豆浆

原 料

水发红豆45克，花生米50克，红枣10克

调 料

白糖10克

做 法

1.将已浸泡4小时的红豆倒入碗中，放入花生米，加入清水，洗干净，倒入滤网，沥干水分。2.把洗好的红豆、花生倒入豆浆机中，注入清水，选择“五谷”程序，待豆浆机运转约15分钟，即成豆浆。3.把煮好的豆浆倒入滤网，滤取豆浆，倒入杯中，加入白糖，拌匀，捞去浮沫，待稍微放凉后即可饮用。

烹饪时间 Time 16分钟

火龙果豆浆

◉难易度：★★☆ ◉营养功效：开胃消食

原料

水发黄豆60克，火龙果肉30克

烹饪小提示

若夏季饮用此豆浆，可以先放入冰箱中冷藏一会儿，口感更佳。

做法

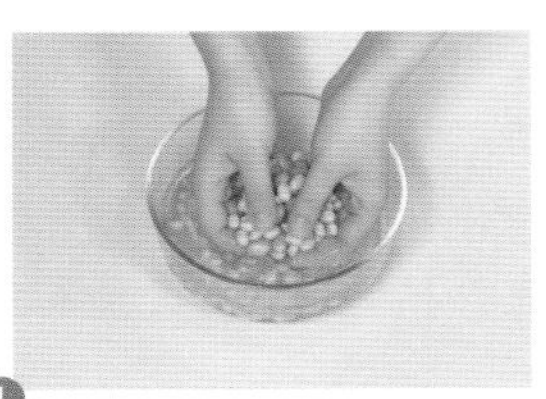

1 将已浸泡8小时的黄豆洗净，倒入滤网，沥干水分。

2 将黄豆、火龙果肉倒入豆浆机。

3 注水至水位线即可。

4 选择“五谷”程序，待豆浆机运转约15分钟，即成豆浆。

5 把煮好的豆浆倒入滤网，滤取豆浆，将滤好的豆浆倒入碗中即可。

Part 3

营养面面俱到，儿童健康成长餐

儿童正处在生长发育的黄金时期，而合理的营养膳食方案，对他们的健康成长起着重要作用。随着慢慢长大，对营养素的需求也慢慢增多。因此妈妈要精心搭配美食，通过合理膳食，为宝宝补充营养，有效增强宝宝的身体抵抗力。要想这个时期的儿童能够全面摄入各种营养，仅靠单一的食物是不够完善的，需针对儿童本身的身体状况，按照合理的膳食方案，来烹饪每天的食材，让儿童能够营养均衡不挑食，健康成长。

枸杞芹菜炒香菇

◉难易度：★★☆ ◉营养功效：开胃消食

原料

芹菜120克，鲜香菇100克，枸杞20克

调料

盐2克，鸡粉2克，水淀粉、食用油各适量

烹饪小提示

香菇的菌盖下可多冲洗一会儿，能更好地去除杂质。

做法

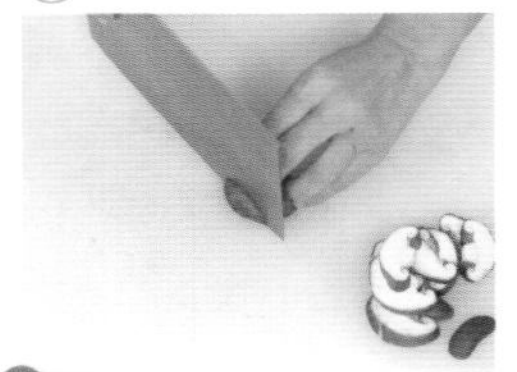

1. 洗净的鲜香菇切片，洗好的芹菜切段。

2. 用油起锅，倒入香菇，炒出香味。

3. 放入芹菜，注入少许清水，炒至食材变软。

4. 加入枸杞、盐、鸡粉、水淀粉，炒匀，盛出，装盘中即可。

烹饪时间 Time 3分钟

胡萝卜丝炒包菜

◉难易度：★★☆ ◉营养功效：开胃消食

原料

胡萝卜150克，包菜200克，圆椒35克

调料

盐、鸡粉各2克，食用油适量

做法

1.洗净去皮的胡萝卜切丝，洗好的圆椒切细丝，洗净的包菜切去根部，切粗丝。2.用油起锅，倒入胡萝卜，放入包菜、圆椒，炒匀。3.注入清水，炒至食材断生，加入盐、鸡粉，炒匀，盛出炒好的菜肴即可。

豌豆炒玉米

烹饪时间 Time 3分钟

◉难易度：★☆☆ ◉营养功效：润肠通便

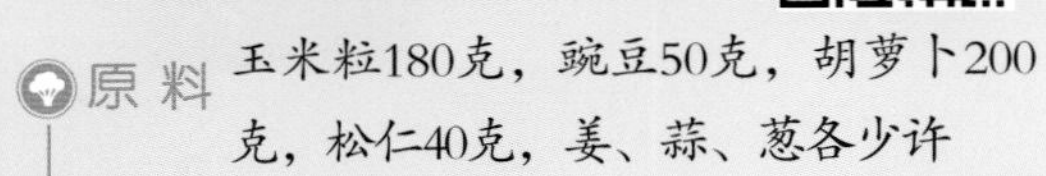

原料

玉米粒180克，豌豆50克，胡萝卜200克，松仁40克，姜、蒜、葱各少许

调料

盐4克，鸡粉2克，水淀粉5毫升，食用油适量

做法

1.胡萝卜切丁。2.锅中注入清水，放盐、胡萝卜丁、玉米粒、豌豆、食用油，超煮好。3.热锅注油，放松仁，炸好。4.锅底留油，放片、蒜末、葱段、焯煮的食材、盐、鸡粉，水淀粉芡，盛出放松仁即可。

冬瓜烧香菇

◉难易度：★★★ ◉营养功效：增强免疫

原 料

冬瓜200克，鲜香菇45克，姜片、葱段、蒜末各少许

调 料

盐2克，鸡粉2克，蚝油5克，食用油适量

烹饪小提示

倒入水淀粉，炒至食材入味，盛出炒好的菜肴即可。

做 法

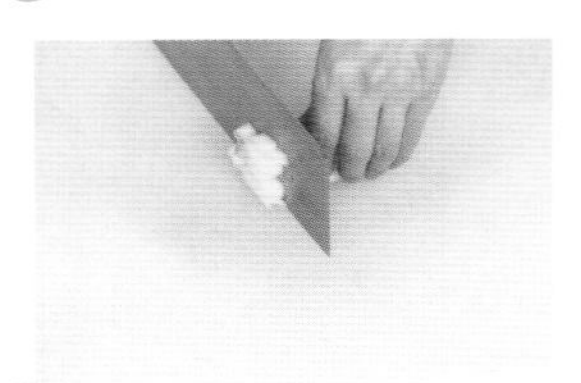

1 洗好的冬瓜切丁，洗净的香菇切小块。

2 锅中注入清水，加食用油、盐、冬瓜、香菇，煮约半分钟，捞出。

3 炒锅注油烧热，放姜片、葱段、蒜末、冬瓜、香菇，炒匀。

4 注入清水，加入盐、鸡粉、蚝油，炒匀。

5 倒入水淀粉，炒至食材入味，盛出炒好的菜肴即可。

蚝油金针菇牛柳

◉难易度：★★★ ◉营养功效：益智健脑

原 料

牛肉110克，彩椒60克，金针菇55克，洋葱25克，姜末、葱末各少许

调 料

盐3克，鸡粉2克，蚝油3克，料酒4毫升，生抽7毫升，水淀粉、食用油各适量

做 法

1.把洋葱、彩椒切粗丝，金针菇切去根部，洗牛肉切牛柳。2.将牛柳放入碗中，加生抽、盐、鸡粉、水淀粉、食用油，腌渍入味。3.锅中注入清水，加入食用油、金针菇、彩椒、洋葱，煮约半分钟，捞出。4.油起锅，放姜末、葱末、牛柳、料酒、食材、盐、鸡粉、生抽、蚝油，炒匀，装在盘中即成。

虾仁西蓝花

◉难易度：★★★◉营养功效：增强免疫

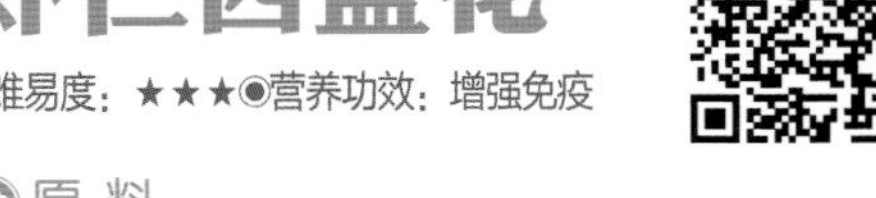

原 料

西蓝花230克，虾仁60克

调 料

盐、鸡粉、水淀粉各少许，食用油适量

做 法

1.锅中注入清水，加入食用油、盐，西蓝花，煮1分钟，捞出。2.将西蓝花切掉根部，取菜花部分，虾仁切小段。3.装入碗中，加入盐、鸡粉、水淀粉，拌匀，腌渍入味。4.炒锅注油烧热，注入清水，加入盐、鸡粉，倒入虾仁，拌匀，煮至虾身卷起并呈现淡红色，摆上西蓝花，盛入锅中的虾仁即可。

白菜木耳炒肉丝

◉难易度：★★☆ ◉营养功效：清热解毒

原料

白菜80克，水发木耳60克，猪瘦肉100克，红椒、姜片、蒜末、葱段各少许

调料

盐、生抽、料酒、水淀粉、白糖、鸡粉、食用油各适量

烹饪小提示

白菜不要炒太久，否则容易炒出水，影响口感。

做法

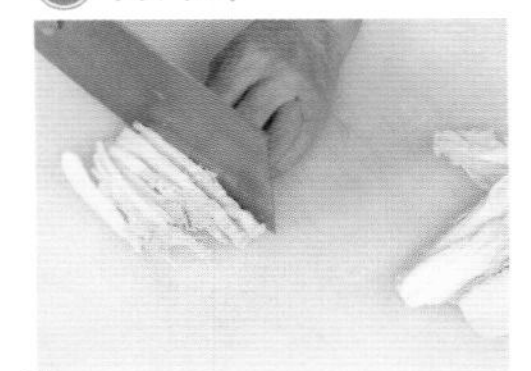

1. 白菜切粗丝，木耳切小块，红椒切条，猪瘦肉切细丝。

2. 把肉丝装碗，加盐、生抽、料酒、水淀粉，腌渍入味。

3. 油起锅，放肉、姜、蒜、葱段、红椒，料酒、木耳、白菜。

4. 加盐、白糖、鸡粉、水淀粉，炒匀，盛出炒好的菜肴即可。

香菜炒鸡丝

◉难易度：★★☆ ◉营养功效：增强免疫

原料

鸡胸肉400克，香菜120克，彩椒80克

调料

盐3克，鸡粉2克，水淀粉4毫升，料酒10毫升，食用油适量

做法

1.香菜切根部，切段，彩椒切丝，鸡胸肉切丝。2.将鸡肉丝放入碗中，加入盐、鸡粉、水淀粉，拌匀，淋入食用油，腌渍入味。3.热锅注油，倒入鸡肉丝，滑油至变色，捞出，沥干油。4.锅底留油，倒入彩椒丝，放入鸡肉丝，淋入料酒，加入鸡粉、盐，炒匀，放入香菜，盛出炒好的食材，装盘即可。

菠菜炒猪肝

◉难易度：★★☆◉营养功效：增强免疫

原料

菠菜200克，猪肝180克，红椒10克，姜片、蒜末、葱段各少许

调料

盐2克，鸡粉3克，料酒7毫升，水淀粉、食用油各适量

做法

1.将洗净的菠菜切段，洗好的红椒切小块，洗净的猪肝切片。2.将猪肝装入碗中，放入盐、鸡粉、料酒、水淀粉，抓匀，注入食用油，腌渍入味。3.用油起锅，放入姜片、蒜末、葱段，放入红椒，倒入猪肝，淋入料酒，炒匀，放入菠菜，加入盐、鸡粉，倒入水淀粉，炒匀，将炒好的菜肴盛出，装盘即可。

烹饪时间 Time 2分钟

玉米粒炒杏鲍菇

◉难易度：★☆☆　◉营养功效：提高免疫

原料

杏鲍菇120克，玉米粒100克，彩椒60克，蒜末、姜片各少许

调料

盐3克，鸡粉2克，白糖少许，料酒4毫升，水淀粉、食用油各适量

做法

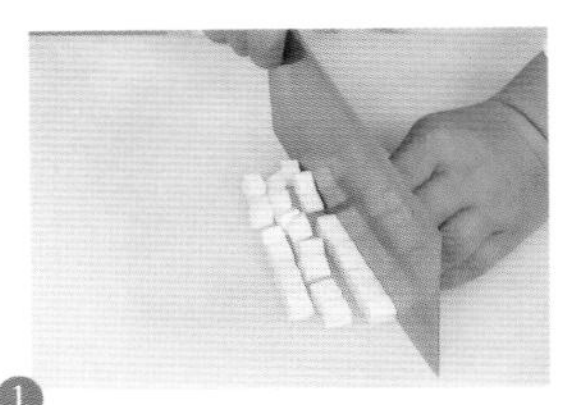

1 将洗净的杏鲍菇切小丁块，洗净的彩椒切丁。

2 锅中注入清水烧开，加盐、食用油。

3 倒玉米粒、杏鲍菇、彩椒丁，煮1分钟，捞出，沥干水分。

4 用油起锅，放姜片、蒜末、焯过水的食材，炒匀。

5 加料酒、盐、鸡粉、白糖、水淀粉，炒匀，装入盘中即成。

烹饪小提示

玉米本身有甜味，因此白糖不宜放太多，以免破坏其清甜的味道。

烹饪时间 Time 2分钟

清炒海米芹菜丝

◉难易度：★★☆ ◉营养功效：健胃消食

原料

海米20克，芹菜150克，红椒20克

调料

盐2克，鸡粉2克，料酒8毫升，水淀粉、食用油各适量

做法

1.将洗净的芹菜切段，洗好的红椒去籽，切丝。2.锅中注入清水烧开，放入海米，加入料酒，煮1分钟，捞出。3.用油起锅，放入海米，淋入料酒，炒匀，倒入芹菜、红椒，加入盐、鸡粉，炒匀，倒入水淀粉，将炒好的食材盛出，装入盘中即可。

茶树菇核桃仁小炒肉

◉难易度：★★★ ◉营养功效：开胃消食

原料

水发茶树菇70克，猪瘦肉120克，彩椒50克，核桃仁30克，姜片、蒜末各少许

调料

盐、鸡粉、生抽、料酒、芝麻油、水淀粉、食用油各适量

做法

1.茶树菇切老茎，彩椒切条，猪瘦肉切条。2.瘦肉片装碗，加料酒、盐、鸡粉、生抽、水淀粉、芝麻油。3.锅中注入清水烧开，放茶树菇、彩椒，煮半分钟，捞出。4.热锅注油，放核桃仁，炸出香味。5.锅底留油，放肉片、姜片、蒜末，茶树菇、彩椒、生抽、盐、鸡粉、水淀粉，炒熟，加核桃仁即可。

烹饪时间 Time 3分钟

虾菇油菜心

◉难易度：★★★　◉营养功效：健胃消食

原 料

小油菜100克，鲜香菇60克，虾仁50克，姜片、葱段、蒜末各少许

调 料

盐、鸡粉各3克，料酒3毫升，水淀粉、食用油各适量

烹饪小提示

小油菜的根部最好切开后再焯煮，这样可以去除根部的涩口味道。

做 法

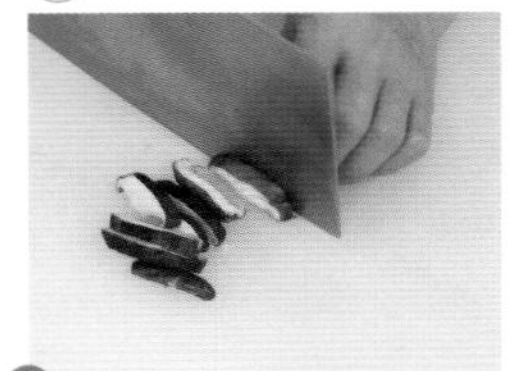

1. 将洗净的香菇切小片，洗好的虾仁由背部划开，挑去虾线。

2. 把虾仁装碟，放盐、鸡粉、水淀粉、食用油，腌渍入味。

3. 锅中注入清水，放盐、鸡粉、小油菜，煮1分钟，捞出。

4. 油起锅，放姜、蒜、葱段、食材、料酒、盐、鸡粉，炒匀。

金针菇炒肚丝

◉难易度：★★☆　◉营养功效：益智健脑

原料

猪肚150克，金针菇100克，红椒20克，香叶、八角、姜片、蒜末、葱段各少许

调料

盐4克，鸡粉2克，料酒6毫升，生抽10毫升，水淀粉、食用油各适量

做法

1.锅中注入清水，倒入香叶、八角、猪肚、盐、料酒、生抽，拌匀，煮约30分钟，捞出。2.将金针菇切去根部，红椒去籽切细丝，猪肚切粗丝。3.油起锅，放姜片、蒜末、葱段、金针菇、猪肚、红椒丝、盐、鸡、生抽、水淀粉勾芡，炒熟食材，盛出炒好的菜肴，放在盘中即成。

芥蓝腰果炒香菇

原料

芥蓝130克，鲜香菇55克，腰果50克，红椒25克，姜片、蒜末、葱段各少许

调料

盐3克，鸡粉少许，白糖2克，料酒4毫升，水淀粉、食用油各适量

做法

1.将香菇切粗丝，红椒切圈，芥蓝切小段。2.锅中注入清水烧开，放食用油、盐、芥蓝段，煮约半分钟，倒入香菇丝，煮约半分钟，捞出。3.热锅注油，放入腰果，炸约1分钟，捞出。4.油起锅，放姜片、蒜末、葱段、食材、料酒、盐、鸡粉、白糖、红椒圈、水淀粉、腰果，炒熟，放在盘中即可。

烹饪时间 Time 2分钟

松子豌豆炒干丁

◉难易度：★★☆ ◉营养功效：益智健脑

原料

香干300克，彩椒20克，松仁15克，豌豆120克，蒜末少许

调料

盐3克，鸡粉2克，料酒4毫升，生抽3毫升，水淀粉、食用油各少许

烹饪小提示

宜用中火快速翻炒，这样炒出的食材口感更佳。

做法

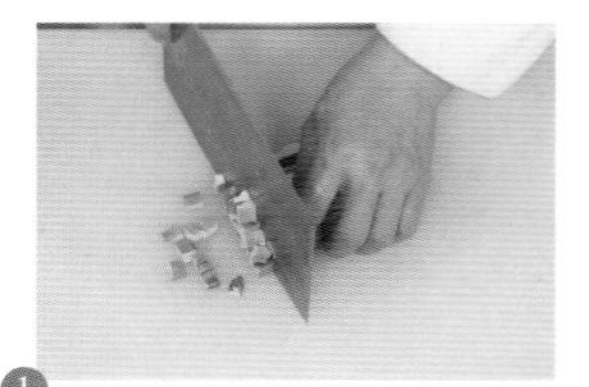

1. 洗净的香干切小丁块，洗好的彩椒切小块。

2. 锅中注入清水，加盐、食用油、豌豆、香干、彩椒，焯煮捞出。

3. 松仁炸至金黄色，捞出。

4. 锅底留油烧热，加蒜末、焯过的材料、盐、鸡粉、料酒，炒熟。

5. 加入生抽、水淀粉，炒匀，盛出炒好的食材，装入盘中，点缀上松仁即可。

板栗腐竹煲

◉难易度：★★☆　◉营养功效：益智健脑

原料

腐竹20克，香菇30克，青椒、红椒各15克，芹菜10克，板栗60克，姜、蒜、葱段、葱花少许

调料

盐、鸡粉各2克，水淀粉适量，白糖、番茄酱、生抽、食用油各适量

做法

1.芹菜切长段；青椒、红椒去籽，切小块；香菇切小块；板栗切去两端。2.热锅注油，倒入腐竹，炸至金黄色，捞出，油锅中放板栗，炸干水分，捞出。3.锅留底油烧热，加姜片、蒜末、葱段、香菇、清水、腐竹、板栗、生抽、盐、鸡粉、白糖、番茄酱，煮约4分钟。4.倒入食材，将食材盛入砂锅中，煮沸后撒上葱花即可。

西红柿煮口蘑

◉难易度：★★☆◉营养功效：开胃消食

原料

西红柿150克，口蘑80克，姜片、蒜末、葱段各少许

调料

料酒3毫升，鸡粉2克，盐、食用油各适量

做法

1.将洗净的口蘑切片，洗好的西红柿去蒂，切小块。2.锅中注水烧开，加盐、口蘑，煮1分钟至断生，捞出。3.用油起锅，放入姜片、蒜末、口蘑，炒匀，加入料酒、西红柿、清水，煮约1分钟至熟，放入葱段、盐、鸡粉，拌匀，将煮好的食材盛出装碗即成。

青椒炒肝丝

◉难易度：★★☆　◉营养功效：益智健脑

原 料

青椒80克，胡萝卜40克，猪肝100克，姜片、蒜末、葱段各少许

调 料

盐3克，鸡粉3克，料酒5毫升，生抽2毫升，水淀粉、食用油各适量

烹饪小提示

切猪肝时要将猪肝的筋膜除去，否则不易嚼烂、消化。

做 法

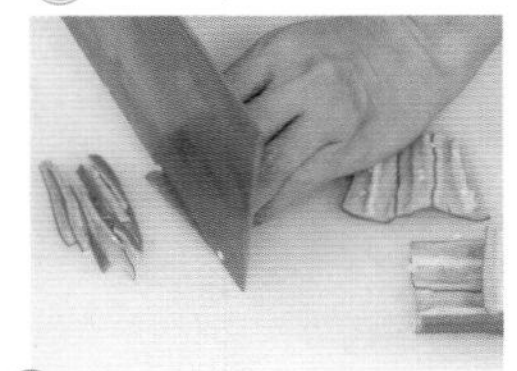

1. 将去皮的胡萝卜切丝，青椒去籽、切丝，猪肝切丝。

2. 将猪肝装碗中，放盐、鸡粉、料酒、水淀粉、食用油腌渍。

3. 锅中注入清水，放食用油、盐、胡萝卜丝、青椒，煮1分钟后捞出。

4. 油起锅，放姜、蒜、葱段、食材、料酒，盐、鸡粉，生抽、水淀粉炒熟即成。

黄瓜炒土豆丝

◉难易度：★★☆ ◉营养功效：增高助长

原料

土豆120克，黄瓜110克，葱末、蒜末各少许

调料

盐3克，鸡粉、水淀粉、食用油各适量

做法

1.把洗好的黄瓜切丝，去皮洗净的土豆切细丝。2.锅中注入清水烧开，放入盐、土豆丝，搅拌，煮约半分钟至断生，捞出，沥干水分。3.用油起锅，下入蒜末、葱末，倒入黄瓜丝，炒匀，放入土豆丝，炒至全部食材熟透，加入盐、鸡粉、水淀粉，拌匀，盛出菜肴，装在碗中即成。

鲜鱿鱼炒金针菇

◉难易度：★★☆◉营养功效：益智健脑

原料

鱿鱼300克，彩椒50克，金针菇90克，姜片、蒜末、葱白各少许

调料

盐3克，鸡粉3克，料酒7毫升，水淀粉6毫升，食用油适量

做法

1.洗净的金针菇切去根部，处理干净的鱿鱼内侧切上麦穗花刀，改切成片，洗好的彩椒切成丝。2.把鱿鱼装入碗中，放盐、鸡粉、料酒、水淀粉腌渍，入沸水锅中汆烫至卷起，捞出备用。3.用油起锅，放入姜片、蒜末、葱白爆香，倒入鱿鱼炒片刻，淋入料酒炒香，放入金针菇、彩椒炒熟，加盐、鸡粉、水淀粉炒匀即可。

烹饪时间 Time 2分钟

糖醋菠萝藕丁

◉难易度：★★☆ ◉营养功效：开胃消食

原 料

莲藕100克，菠萝肉150克，豌豆30克，枸杞、蒜末、葱花各少许

调 料

盐2克，白糖6克，番茄酱25克，食用油适量

烹饪小提示

菠萝去皮后可以放在淡盐水里浸泡一会儿，就可以去除其涩味。

做 法

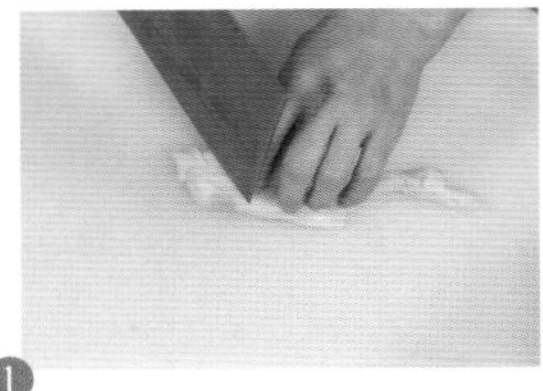

1. 处理好的菠萝肉切丁，洗净去皮的莲藕切丁。

2. 锅中注入清水烧开，加入食用油、藕丁、盐，搅匀，焯煮半分钟。

3. 倒入豌豆、菠萝，煮至断生，捞出。

4. 用油起锅，倒入蒜末、食材，白糖、番茄酱，炒至食材入味。

5. 撒入枸杞、葱花，炒出葱香味，将炒好的食材盛出，装入盘中即可。

草菇丝瓜炒虾球

◉难易度：★★☆ ◉营养功效：健胃消食

原料

丝瓜130克，草菇100克，虾仁90克，胡萝卜片、姜片、蒜末、葱段各少许

调料

盐3克，鸡粉2克，蚝油6克，料酒4毫升，水淀粉、食用油各适量

做法

1.将草菇切小块，丝瓜切小段，虾仁由背部切开，去除虾线。2.把虾仁放在碗中，加盐、鸡粉、水淀粉、食用油，腌渍入味。3.锅中注入清水烧开，放盐、食用油、草菇，煮约1分钟，捞出。4.油起锅，放胡萝卜片、姜片、蒜末、葱段、虾仁、料酒、丝瓜、草菇、清水、蚝油、盐、鸡粉、水淀粉，炒至熟透。

胡萝卜丝炒豆芽

◉难易度：★★☆◉营养功效：开胃消食

原料

胡萝卜80克，黄豆芽70克，蒜末少许

调料

盐2克，鸡粉2克，水淀粉、食用油各适量

做法

1.将洗净去皮的胡萝卜切丝。2.锅中注入清水烧开，加入食用油、胡萝卜，煮半分钟，倒入黄豆芽，搅一会儿，继续煮半分钟，捞出，沥干水分。3.锅中注油烧热，倒入蒜末、胡萝卜、黄豆芽，炒片刻，加入鸡粉、盐、炒至食材入味，倒入水淀粉，炒匀即成。

草菇扒芥蓝

◉难易度：★★☆ ◉营养功效：增强免疫

原料

芥蓝350克，草菇150克，胡萝卜少许

调料

盐3克，鸡粉、白糖、蚝油、老抽、水淀粉、高汤、芝麻油、食用油各适量

烹饪小提示

烹饪草菇前，可将草菇放入清水中长时间浸泡，或用加有食用碱的水浸泡，以清除农药残毒。

做法

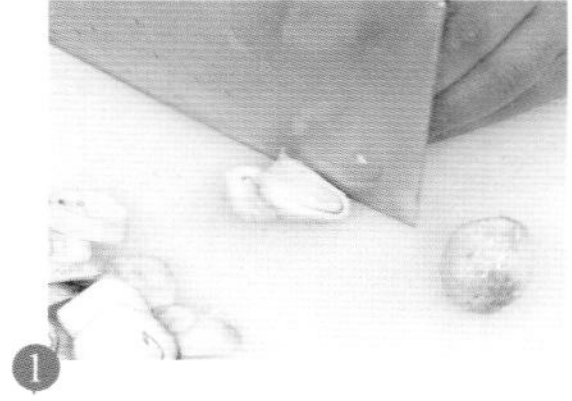

1. 将洗净的芥蓝切开菜梗，洗净的草菇切片，洗好的胡萝卜切片。

2. 锅中加清水、盐、食用油，烧开。

3. 放芥蓝，焯煮约1分钟至熟，捞出。

4. 锅中加高汤、胡萝卜片、草菇、盐、鸡粉、白糖炒匀。

5. 加蚝油、老抽、水淀粉、芝麻油，炒匀，将汤汁浇在芥蓝上即成。

烹饪时间 Time 15分钟

鲜鱿蒸豆腐

◉难易度：★★☆　◉营养功效：增强免疫

原料

鱿鱼200克，豆腐500克，红椒10克，姜末、蒜末、葱花各少许

调料

盐2克，鸡粉2克，蒸鱼鼓油5毫升

做法

1.洗净的红椒去籽，切丁。处理干净的鱿鱼切成圈，洗净的豆腐切块。2.在装有鱿鱼的碗中倒入蒜末、姜末、红椒、葱花，加入盐、鸡粉、蒸鱼豉油，拌匀，腌渍入味。3.将鱿鱼圈铺在豆腐上，蒸锅中注入清水烧开，放入豆腐，蒸15分钟至食材熟透，取出蒸好的食材，撒上葱花即可。

清蒸茄盒

◉难易度：★★★◉营养功效：开胃消食

原料

茄子200克，肉末100克，红椒15克，蒜末、葱花各少许

调料

豆瓣酱、盐、鸡粉、生抽、老抽、生粉、水淀粉、芝麻油、食用油各适量

做法

1.茄子切双飞片，红椒切粒。2.肉末装碗中，加盐、生抽、鸡粉、生粉、芝麻油，腌渍一会儿。3.取茄子，在切口处放生粉、肉末，制成茄盒，摆上茄盒，加盐。4.蒸锅上火烧开，放上茄盒的盘子，蒸约10分钟。5.油起锅，放蒜末、红椒粒、清水、生抽、老抽、盐、鸡粉、豆瓣酱，水淀粉，放葱花即可。

烹饪时间 Time 13分钟

豉汁蒸白鳝片

◉难易度：★★☆ ◉营养功效：提高免疫

原 料

白鳝鱼200克，红椒10克，豆豉12克，姜片、蒜末、葱花各少许

调 料

盐、鸡粉、白糖、蚝油、生粉、料酒、生抽、食用油各适量

烹饪小提示

豆豉可以切得细一些，这样菜肴蒸熟后口感会更好。

做 法

1. 将白鳝鱼切小块，红椒切成丁，豆豉剁成细末。

2. 鳝鱼加红椒、豆豉、姜、生抽、料酒、蚝油、鸡粉、盐、白糖、生粉、油拌匀。

3. 取蒸盘，放鳝鱼片，摆放好。

4. 蒸锅中注入清水，放蒸盘，蒸至熟透，放葱花，浇热油即成。

蒜香蒸南瓜

烹饪时间 Time 9分钟

◉难易度：★★☆ ◉营养功效：健胃消食

原 料

南瓜400克，蒜末25克，香菜、葱花各少许

调 料

盐2克，鸡粉2克，生抽4毫升，芝麻油2毫升，食用油适量

做 法

1.去皮的南瓜切厚片。2.将南瓜片装盘中，摆放整齐，蒜末装碗中，放盐、鸡粉，生抽、食用油、芝麻油，拌匀，调成味汁，把味汁浇在南瓜片上。3.把处理好的南瓜放入烧开的蒸锅中，蒸8分钟，至南瓜熟透，取出，撒上葱花，放上香菜点缀，浇上少许热油即可。

虾米花蛤蒸蛋羹

烹饪时间 Time 10分钟

◉难易度：★★☆ ◉营养功效：益智健脑

原 料 鸡蛋2个，虾米20克，蛤蜊肉45克，葱花少许

调 料 盐1克，鸡粉1克

做 法

1.取碗，打入鸡蛋，倒入洗净的蛤蜊肉、虾米、盐、鸡粉、温开水，制成蛋液。2.取蒸碗，倒入调好的蛋液，搅匀。3.蒸锅上火烧开，放入蒸碗，蒸约10分钟至蛋液凝固，取出蒸碗，撒上葱花即可。

烹饪时间 Time 17分钟

香菇蒸蛋羹

◉难易度：★★☆ ◉营养功效：开胃消食

原料

鸡蛋2个，香菇50克，葱花少许

调料

盐、鸡粉各3克，生粉10克，料酒3毫升，生抽5毫升，芝麻油、食用油各适量

烹饪小提示

放入酱料后，最好用中火蒸，这样既可以缩短时间，也能保持食材的鲜味。

做法

1. 将洗净的香菇切小丁块。

2. 锅中注水烧开，香菇焯水，捞出，沥干。

3. 鸡蛋打入碗中，加盐、清水、芝麻油制成蛋液。

4. 香菇、生抽、盐、鸡粉、生粉放碗中，倒入芝麻油调匀，制成酱料。

5. 蒸锅上火烧开，放入蛋液，蒸至六七成熟，再放上酱料蒸至食材熟透，取出撒上葱花即成。

清蒸福寿鱼

◉难易度：★★☆ ◉营养功效：益智健脑

原料

福寿鱼500克，葱丝、姜丝各10克，姜片、葱条、红椒丝各少许

调料

料酒、蒸鱼豉油、食用油各适量

做法

1.处理干净的福寿鱼放入盘中，放姜片、葱条，淋入料酒，腌去腥味。2.将福寿鱼放入蒸锅，蒸约8分钟至熟。3.将福寿鱼取出，挑去鱼身上姜片、葱条，撒上葱、姜、红椒丝，淋蒸鱼豉油，浇上热油即可。

木耳香菇蒸鸡

◉难易度：★★☆ ◉营养功效：★★☆

原料

土鸡肉块300克，水发木耳100克，鲜香菇50克，姜片、葱花各少许

调料

盐、鸡粉各2克，生抽4毫升，料酒6毫升，水淀粉、食用油各适量

做法

1.将洗净的香菇切小块。2.取碗，倒入洗好的鸡肉块，加入料酒、鸡粉、盐，淋入生抽、水淀粉，倒入香菇，放入洗好的木耳，撒上姜片，淋入食用油，拌匀，腌渍入味。3.取蒸盘，倒入材料，码放好，蒸锅上火烧开，放入蒸盘，蒸约25分钟，至食材熟透，取出蒸盘，趁热撒上葱花即成。

莲藕炖鸡

◉难易度：★★☆ ◉营养功效：益智健脑

原料

莲藕80克，光鸡180克，姜末、蒜末、葱花各少许

调料

盐3克，鸡粉2克，生抽、料酒各6毫升，白醋10毫升，水淀粉、食用油各适量

烹饪小提示

取下锅盖后，要将锅里的浮沫捞去，使汤汁的味道更醇厚。

做法

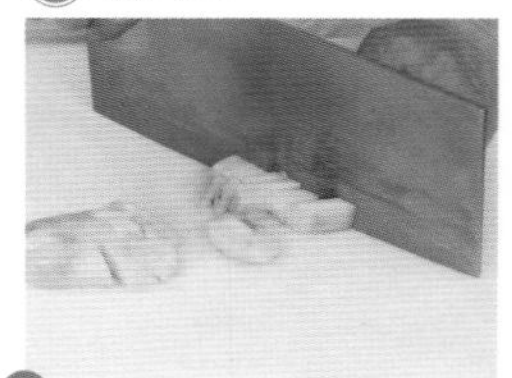

1. 将去皮洗净的莲藕切成丁，再把鸡肉斩成小块。

2. 将鸡块放碗中，加盐、鸡粉、生抽、料酒，拌匀。

3. 锅中注入清水烧开，放莲藕丁、白醋，煮约1分30秒，捞出。

4. 油起锅，放姜末、蒜末、食材、生抽、料酒、水、盐、鸡粉，水淀粉，放葱花即成。

蛤蜊豆腐炖海带

◉难易度：★★★ ◉营养功效：★★★

原料

蛤蜊300克，豆腐200克，水发海带100克，姜片、蒜末、葱花各少许

调料

盐3克，鸡粉2克，料酒、生抽各4毫升，水淀粉、芝麻油、食用油各适量

做法

1.将豆腐切小方块，海带切小块。2.锅中注入清水烧开，加盐、海带、豆腐块，煮好，捞出。3.油起锅，放蒜末、姜片、食材、料酒、生抽，注入清水，煮一会儿，倒入洗净的蛤蜊，炖煮约3分钟，至食材熟透，加入盐、鸡粉，倒入水淀粉勾芡，淋入芝麻油，炒匀，盛出炖好的菜肴，装入盘中，撒上葱花即成。

鸡汤肉丸炖白菜

◉难易度：★★☆◉营养功效：清热解毒

原料

白菜170克，肉丸240克，鸡汤350毫升

调料

盐2克，鸡粉2克，胡椒粉适量

做法

1.将洗净的白菜切去根部，用手掰开，在肉丸上切花刀。2.砂锅中注入清水烧热，倒入鸡汤，放入肉丸，煮20分钟。3.倒入白菜，加入盐、鸡粉、胡椒粉，拌匀，煮5分钟，盛出锅中的菜肴即可。

烹饪时间 Time 75分钟

胡萝卜香味炖牛腩

◉难易度：★★☆ ◉营养功效：提高免疫

原料

牛腩400克，胡萝卜100克，红椒、青椒姜片、蒜末、葱段、香叶各少许

调料

水淀粉、料酒各10毫升，豆瓣酱10克，生抽8毫升，食用油适量

烹饪小提示

牛腩炖煮后会缩小，因此在切块时可以切得稍微大一些。

做法

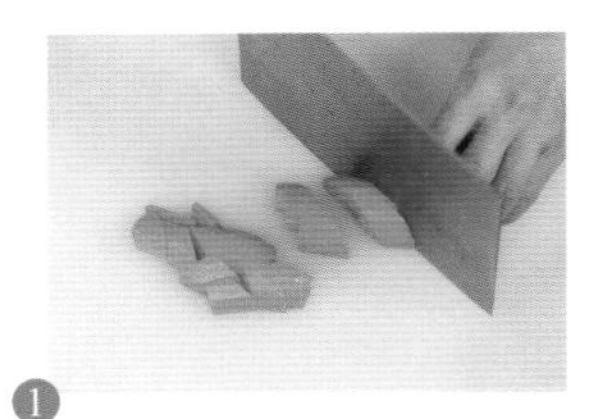

1 胡萝卜、牛腩切小块，青椒、红椒去籽，切成小块。

2 锅中注入食用油，放入香叶、蒜末、姜片。

3 加牛腩块、料酒、豆瓣酱、生抽，炒匀。

4 倒清水，炖1小时，放胡萝卜块，焖10分钟。

5 放青椒、红椒，水淀粉，挑出香叶，放上葱段即可。

土豆炖油豆角

◉难易度：★★☆ ◉营养功效：增强免疫

原料

土豆300克，油豆角200克，红椒40克，蒜末、葱段各少许

调料

豆瓣酱15克，盐2克，鸡粉2克，生抽5毫升，老抽3毫升，水淀粉5毫升，食用油适量

做法

1.油豆角切段，土豆切丁，红椒去籽，切小块。2.热锅注油，倒入土豆，炸至金黄色，捞出。3.锅底留油，放蒜末、葱段、油豆角，炒至转色，加入土豆，炒匀，淋入清水，放入豆瓣酱，加盐、鸡粉，淋入生抽、老抽，焖5分钟，加入红椒，淋入水淀粉，炒匀，盛出炒好的食材，装入碗中即可。

香菇炖豆腐

原料

鲜香菇60克，豆腐200克，姜片、葱段各少许

调料

盐、白糖、鸡粉、蚝油、生抽、料酒、水淀粉、食用油各适量

做法

1.豆腐切方块，香菇切片。2.锅中注入清水烧开，放入香菇，煮半分钟，捞出，将豆腐倒入沸水锅中，煮半分钟，捞出。3.油起锅，放姜片、葱段、香菇、豆腐块、料酒、清水，煮沸，加入生抽、蚝油、盐、白糖、鸡粉，炒匀，煮2分钟，倒入水淀粉，炒匀，盛出炒好的食材，装入盘中，撒上葱段即可。

茶树菇腐竹炖鸡肉

◉难易度：★★☆　◉营养功效：增高助长

原料

光鸡400克，茶树菇100克，腐竹60克，姜片、蒜末、葱段各少许

调料

豆瓣酱6克，盐3克，鸡粉2克，料酒、生抽各5毫升，水淀粉、食用油各适量

烹饪小提示

炸好的腐竹要用温水浸泡，不仅能缩短泡发的时间，还可以使其涨发得更饱满。

做法

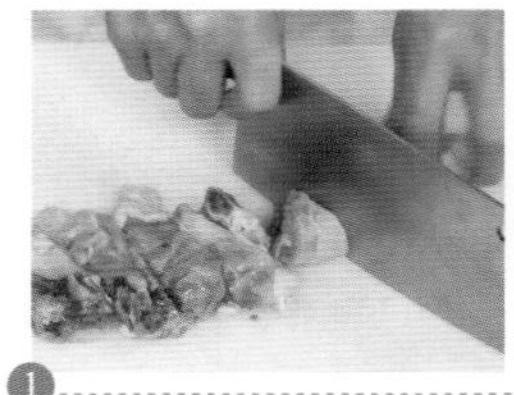

1. 将光鸡斩成小块，洗净的茶树菇切段。

2. 锅中注入清水烧热，倒入鸡块，掠去浮沫，捞出。

3. 热锅注油，倒入腐竹稍炸，捞出，用油起锅，放姜、蒜、葱段爆香。

4. 放鸡、料酒、生抽、豆瓣酱、盐、鸡粉、水、腐竹、茶树菇、水淀粉，炒熟即成。

酸菜炖鲇鱼

◉难易度：★★☆ ◉营养功效：开胃消食

原料

鲇鱼块400克，酸菜70克，姜片、葱段、八角、蒜头各少许

调料

盐、生抽、豆瓣酱、鸡粉、老抽、白糖、料酒、生粉、水淀粉、食用油各适量

做法

1.酸菜切薄片。2.鲇鱼块装碗中，加生抽、盐、鸡粉、料酒、生粉，腌渍入味。3.热锅注油，放蒜头、鲇鱼块，炒约1分钟，捞出。

4.锅底留油烧热，倒姜片、八角，酸菜、豆瓣酱、生抽、盐、鸡粉、白糖、清水，煮沸，倒入鲇鱼、老抽、水淀粉，炒至食材入味，盛出菜肴，装入盘中，撒上葱段即可。

萝卜炖牛肉

原料

胡萝卜120克，白萝卜230克，牛肉270克，姜片少许

调料

盐2克，老抽2毫升，生抽6毫升，水淀粉6毫升

做法

1.将洗净去皮的白萝卜切大块，洗好去皮的胡萝卜切块，洗好的牛肉切块。

2.锅中注入清水烧热，放入牛肉、姜片，拌匀，加入老抽、生抽、盐，煮30分钟。3.倒入白萝卜、胡萝卜，煮15分钟，倒入水淀粉，炒至食材熟软，盛出煮好的菜肴即可。

菠菜肉丸汤

◉难易度：★★☆　◉营养功效：增强免疫

原料

菠菜70克，肉末110克，姜末、葱花各少许

调料

盐2克，鸡粉3克，生抽2毫升，生粉12克，食用油适量

烹饪小提示

菠菜可先用开水焯烫一下，可除去80%的草酸。

做法

1 将洗净的菠菜切段。

2 肉末加姜末、葱花、盐、鸡粉、生粉，拌匀，至其起劲。

3 锅中注水烧开，将肉末挤成丸子，放入锅中，撇去浮沫。

4 加食用油、盐、鸡粉、生抽、菠菜，拌匀，煮至断生即成。

豆腐紫菜鲫鱼汤

◉难易度：★★☆　◉营养功效：清热解毒

原 料

鲫鱼300克，豆腐90克，水发紫菜70克，姜片、葱花各少许

调 料

盐3克，鸡粉2克，料酒、胡椒粉、食用油各适量

做 法

1.将洗好的豆腐切小方块。2.用油起锅，放入姜片，放入处理干净的鲫鱼，煎至其呈焦黄色，淋入料酒，倒入清水，加入盐、鸡粉，拌匀，煮3分钟至熟。3.倒入豆腐，放入紫菜，加入胡椒粉，拌匀，煮2分钟，至食材熟透，把鲫鱼盛入碗中，倒入余下的汤，最后撒上葱花即可。

牛奶鲫鱼汤

◉难易度：★★☆◉营养功效：开胃消食

原 料

净鲫鱼400克，豆腐200克，牛奶90毫升，姜丝、葱花各少许

调 料

盐2克，鸡粉少许

做 法

1.洗净的豆腐切小方块。2.用油起锅，放入处理干净的鲫鱼，煎至两面断生，盛出煎好的鲫鱼。3.锅中注入清水烧开，撒上姜丝，放入鲫鱼，加入鸡粉、盐，搅匀，掠去浮沫，煮约3分钟，至鱼肉熟软，放入豆腐块，倒入牛奶，拌匀，煮约2分钟，盛出煮好的鲫鱼汤，装入汤碗中，撒上葱花即成。

烹饪时间 Time 4分钟

白玉菇花蛤汤

◉难易度：★★☆　◉营养功效：益智健脑

原料

白玉菇90克，花蛤260克，荷兰豆70克，胡萝卜40克，姜片、葱花各少许

调料

盐2克，鸡粉2克，食用油适量

烹饪小提示

花蛤买回后可放在清水中，加入少许盐养一晚上，这样可让花蛤吐尽泥沙。

做法

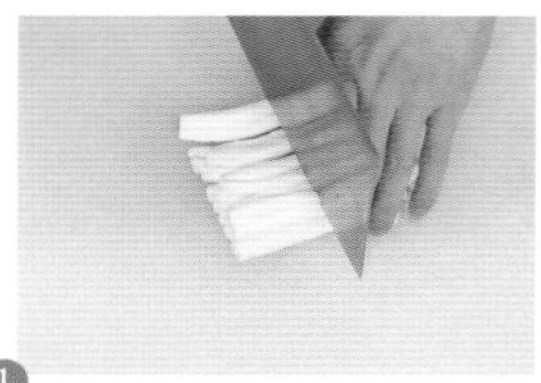

1 洗净的白玉菇切段，洗净去皮的胡萝卜切片。

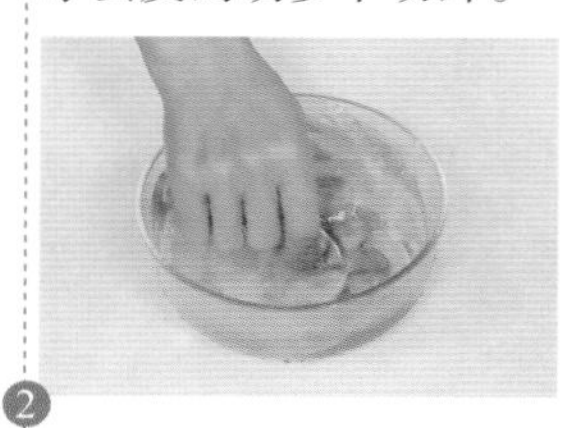

2 2.将花蛤切开，放碗中，用清水洗干净。

3 锅中注入清水烧开，放姜片、花蛤、白玉菇，拌匀，煮2分钟至熟。

4 放入盐、鸡粉、食用油、胡萝卜片、荷兰豆，拌匀。

5 煮熟，盛出煮好的汤料，装入汤碗中，撒上葱花即可。

香菇鸡腿汤

◉难易度：★★☆ ◉营养功效：开胃消食

原料

鸡腿100克，鲜香菇40克，胡萝卜25克

调料

盐2克，料酒4毫升，鸡汁、食用油各适量

做法

1.去皮胡萝卜切片，香菇切粗丝，鸡腿斩成小件。2.锅中注入清水烧开，倒入鸡腿，拌匀，煮约1分钟，汆去血渍，捞出，沥干水分。3.用油起锅，放入香菇丝，倒入鸡腿，炒匀，淋入料酒，注入清水，放入胡萝卜片，倒入鸡汁，加入盐，拌匀，煮约20分钟至全部食材熟透，盛出煮好的汤料，放在碗中即成。

黄花菜鲫鱼汤

◉难易度：★★☆◉营养功效：益智健脑

原料

鲫鱼350克，水发黄花菜170克，姜片、葱花各少许

调料

盐3克，鸡粉2克，料酒10毫升，胡椒粉少许，食用油适量

做法

1.锅中注入食用油烧热，加入姜片，放入处理干净的鲫鱼，煎出焦香味，把煎好的鲫鱼盛出。2.锅中倒入开水，放入鲫鱼，淋入料酒，加入盐、鸡粉、胡椒粉，倒入洗好的黄花菜，拌匀，煮3分钟。3.把煮好的鱼汤盛出，装入汤碗中，撒上葱花即可。

烹饪时间
Time
2分钟

玉米浓汤

◉难易度：★★☆ ◉营养功效：提高免疫

原料

鲜玉米粒100克，配方牛奶150毫升

调料

盐少许

烹饪小提示

榨玉米汁时，可以多搅拌一会，这样能使玉米的粗纤维磨得更细，有助于消化。

做法

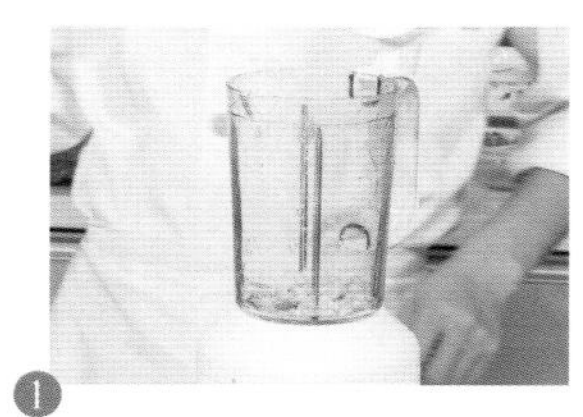

1. 取来榨汁机，选用搅拌刀座及其配套组合，倒入洗净的玉米粒。

2. 加入清水，榨一会，制成玉米汁。

3. 汤锅中，倒入玉米，搅拌几下，煮沸。

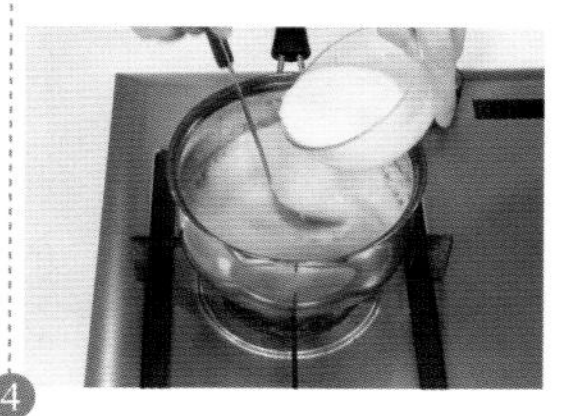

4. 倒入配方牛奶，拌匀，续煮片刻至沸。

5. 加入盐，拌匀，盛出煮好的浓汤，放在小碗中即成。

西红柿紫菜蛋花汤

◉难易度：★★☆ ◉营养功效：增强免疫

原 料

西红柿100克，鸡蛋1个，水发紫菜50克，葱花少许

调 料

盐2克，鸡粉2克，胡椒粉、食用油各适量

做 法

1.洗好的西红柿切小块。2.鸡蛋打入碗中，用筷子搅匀。3.用油起锅，倒入西红柿，炒片刻，加入清水，煮1分钟，放入洗净的紫菜，拌匀，加入鸡粉、盐、胡椒粉，搅匀，倒入蛋液，搅至浮起蛋花，盛出煮好的蛋汤，装入碗中，撒上葱花即可。

双仁菠菜猪肝汤

◉难易度：★★☆◉营养功效：益智健脑

原 料

猪肝200克，柏子仁10克，酸枣仁10克，菠菜100克，姜丝少许

调 料

盐2克，鸡粉2克，食用油适量

做 法

1.把柏子仁、酸枣仁装入隔渣袋中，收紧口袋。2.洗好的菠菜切段，处理好的猪肝切片。3.砂锅中注入清水烧热，放入隔渣袋，煮15分钟，取出隔渣袋，放入姜丝、食用油、猪肝片，拌匀，加入菠菜段，煮沸，放入盐、鸡粉，搅拌，盛出煮好的汤料，装入碗中即可。

核桃枸杞粥

◉难易度：★★☆ ◉营养功效：益智健脑

原料

核桃仁30克，枸杞8克，水发大米150克

调料

红糖20克

烹饪小提示

将核桃仁捣碎后再煮，更有利于营养吸收。

做法

1. 锅中注入清水烧开，倒入洗净的大米，拌匀。

2. 放入洗好的核桃仁，煮约30分钟至食材熟软。

3. 放入洗净的枸杞，拌匀，煮10分钟至食材熟透。

4. 放入红糖，煮至溶化，盛入碗中即可。

烹饪时间
Time
56分钟

榛子枸杞桂花粥

◉难易度：★☆☆　◉营养功效：开胃消食

原料

水发大米200克，榛子仁20克，枸杞7克，桂花5克

做法

1.砂锅中注入清水烧开，倒入洗净的大米，拌匀，煮约40分钟至大米熟透。2.倒入榛子仁、枸杞、桂花，拌匀，煮15分钟，至米粥浓稠。3.将煮好的粥装入碗中即可。

瓜子仁南瓜粥

原料

瓜子仁40克，南瓜100克，水发大米100克

调料

白糖6克

做法

1.洗净去皮的南瓜切小块。2.煎锅烧热，倒入瓜子仁，炒至熟。3.砂锅中注入清水烧开，倒入洗好的大米，煮30分钟至熟，倒入南瓜块，续煮15分钟至南瓜熟软，放入白糖，拌匀，把煮好的粥盛入碗中，撒上瓜子仁即可。

烹饪时间 Time 2分钟

栗香南瓜粥

◉难易度：★★☆ ◉营养功效：开胃消食

原料

南瓜300克，板栗肉100克，芡实80克

调料

盐2克

做法

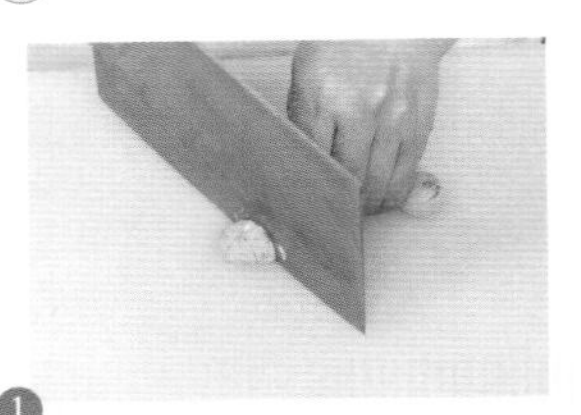

1 洗好的板栗肉切块，去皮洗净的南瓜切块。

2 蒸锅注水烧开，放入板栗、南瓜、芡实，蒸约15分钟至熟透，取出。

3 将蒸好的食材放入搅拌杯中，加入清水。

4 选择“榨汁”功能，将材料搅成糊状。

5 砂锅中注入清水烧开，倒入搅拌好的材料，煮约1分钟，放入盐，拌匀，盛出装盘即可。

烹饪小提示

煮的时候最好朝同一方向搅动，以防煳锅。

金枪鱼蔬菜小米粥

◉难易度：★☆☆ ◉营养功效：增强免疫

原料

罐装金枪鱼肉60克，大米100克，水发小米80克，胡萝卜55克，玉米粒40克，豌豆60克

调料

盐2克

做法

1.砂锅中注入清水烧热，倒入小米、大米、玉米粒、豌豆。2.放入胡萝卜、金枪鱼，拌匀，煮约30分钟至食材熟透。3.加入盐，拌匀，至食材入味，盛出煮好的粥即可。

玉米山药糊

◉难易度：★☆☆◉营养功效：健胃消食

原料

山药90克，玉米粉100克

做法

1.将去皮洗净的山药切小块。2.取碗，放入玉米粉，倒入清水，搅拌，至米粉完全融化，制成玉米糊。3.砂锅中注入清水烧开，放入山药丁，倒入调好的玉米糊，搅拌，煮约3分钟，至食材熟透盛出煮好的山药米糊，装在碗中即成。

牛奶蛋黄粥

◉难易度：★★☆　◉营养功效：清热解毒

原料

水发大米130克，牛奶70毫升，熟蛋黄30克

调料

盐适量

烹饪小提示

煮牛奶的时候要用小火，以免牛奶沸腾溢出。

做法

1. 将备好的熟蛋黄切碎，备用。

2. 砂锅中注水烧开，倒入洗净的大米拌匀，煮30分钟。

3. 放入熟蛋黄，倒入牛奶，拌匀。

4. 加入盐，煮片刻至食材入味，盛出煮好的粥，装入碗中即可。

山药蔬菜粥

◉难易度：★★☆ ◉营养功效：提高免疫

原 料

山药70克，胡萝卜65克，菠菜50克，水发大米150克，葱花少许

做 法

1.洗净去皮的山药切小块，洗好的胡萝卜切粒，洗净的菠菜切小段。2.砂锅中注入清水烧开，倒入洗净的大米，煮约30分钟。3.倒入胡萝卜、山药，放入菠菜，拌匀，煮约5分钟至食材熟透，盛出煮好的菠菜粥即可。

豆腐菠菜玉米粥

◉难易度：★★☆◉营养功效：保护视力

原 料

豆腐150克，菠菜100克，玉米碎80克

调 料

盐1克，芝麻油适量

做 法

1.洗净的菠菜切小段，洗好的豆腐切小块。2.锅中注水烧开，放豆腐，菠菜，煮好食材，捞出。3.砂锅中注入清水烧开，倒入玉米碎，豆腐、菠菜，煮至熟；加盐、芝麻油，拌匀，盛出煮好的玉米粥即可。

烹饪时间 Time 3分钟

莲子花生豆浆

◉难易度：★★☆　◉营养功效：开胃消食

原 料

水发莲子80克，水发花生75克，水发黄豆120克

调 料

白糖20克

烹饪小提示

黄豆汁入锅前可以再过滤一遍，这样豆浆的口感更纯滑。

做 法

1. 取榨汁机，倒入泡发洗净的黄豆，加入矿泉水。

2. 选择“榨汁”功能，榨取黄豆汁，把榨好的黄豆汁盛出，滤入碗中。

3. 把洗好的花生、莲子装入搅拌杯中，加矿泉水，榨成汁。

4. 把榨好的汁倒入碗中，汁倒入砂锅中，煮沸。

5. 放入白糖，煮至白糖溶化，将煮好的豆浆盛出，装入碗中即可。

小麦核桃红枣豆浆

◉难易度：★★☆ ◉营养功效：保护视力

原料

水发黄豆50克，水发小麦30克，红枣、核桃仁各适量

做法

1.洗净的红枣去核，切块。2.将已浸泡8小时的黄豆、已浸泡4小时的小麦倒入碗中，注入清水，洗干净，倒入滤网，沥干水分。3.将核桃仁、黄豆、小米、红枣倒入豆浆机中，注入清水，至水位线即可。4.待豆浆机运转约20分钟，即成豆浆。5.把煮好的豆浆倒入滤网，滤取豆浆，将滤好的豆浆倒入杯中即可。

牛奶黑芝麻豆浆

◉难易度：★★☆◉营养功效：益智健脑

原料

牛奶30毫升，黑芝麻20克，水发黄豆50克

做法

1.将已浸泡8小时的黄豆倒入碗中，注入清水，洗干净，倒入滤网，沥干水分。

2.把黄豆、牛奶、黑芝麻倒入豆浆机中，注入清水，选择“五谷”程序，待豆浆机运转约15分钟，即成豆浆。3.把煮好的豆浆倒入滤网，滤取豆浆，倒入碗中，用汤匙撇去浮沫即可。

腰果小米豆浆

◉难易度：★★☆　◉营养功效：增强免疫

原 料

水发黄豆60克，小米35克，腰果20克

烹饪小提示

小米吸水性强，可以多加些水。

做 法

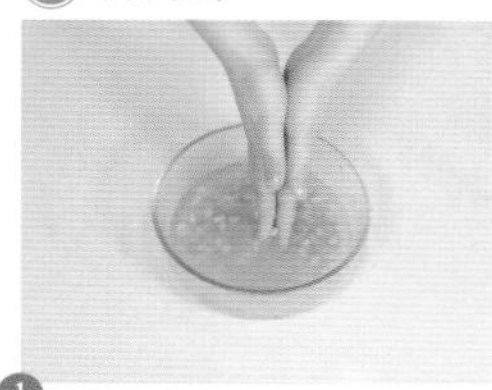

1. 将已浸泡8小时的黄豆、小米洗干净，倒入滤网，沥干水分。

2. 把洗好的材料倒入豆浆机中，放入腰果，注入清水。

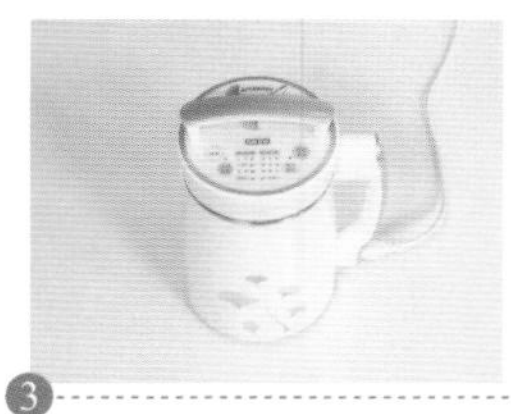

3. 选择“五谷”程序，待豆浆机运转约20分钟，即成豆浆。

4. 把煮好的豆浆倒入滤网，滤取豆浆，用汤匙撇去浮沫即可。

南瓜子豆浆

◉难易度：★★☆ ◉营养功效：开胃消食

原料

水发黄豆60克，南瓜子50克

做法

1.将已浸泡8小时的黄豆倒入碗中，注入清水，洗干净，倒入滤网，沥干水分。2.将南瓜子、黄豆倒入豆浆机中，注入清水。3.选择“五谷”程序，待豆浆机运转约15分钟，即成豆浆，把煮好的豆浆倒入滤网，滤取豆浆，将滤好的豆浆倒入杯中即可。

枸杞百合豆浆

◉难易度：★★☆◉营养功效：清热解毒

原料

水发黄豆80克，百合20克，枸杞10克

调料

白糖15克

做法

1.将已浸泡8小时的黄豆倒入碗中，加入清水，洗干净，倒入滤网，沥干水分。

2.把洗好的黄豆、百合、枸杞倒入豆浆机中，注入清水，选择“五谷”程序，待豆浆机运转约15分钟，即成豆浆。

3.把煮好的豆浆倒入滤网，滤取豆浆，倒入碗中，加入白糖，拌匀，捞去浮沫，待稍微放凉后即可饮用。

烹饪时间
Time
18分钟

蜂蜜核桃豆浆

◉难易度：★★☆　◉营养功效：益智健脑

原料

水发黄豆60克，核桃10克

调料

白糖、蜂蜜各适量

烹饪小提示

最好将豆浆多过滤一次，能使豆浆的口感更佳，同时，打豆浆时，水不宜加太多，以免影响口感。

做法

1. 把已浸泡8小时的黄豆、核桃仁倒入豆浆机中。

2. 注入清水，加入蜂蜜。

3. 选择“五谷”程序，待豆浆机运转约15分钟，即成豆浆。

4. 把煮好的豆浆倒入滤网，用汤匙搅拌，滤取豆浆。

5. 将豆浆倒入杯中，放入白糖，拌至溶化，待稍微放凉后即可饮用。

Part 4

色、香、味俱全，男性减压健康餐

男士们在平日的生活里，要形成合理规律的饮食习惯，做到早吃好、晚吃饱，这样才能给一天的工作学习打下一个良好的基础，男性饮食养生除了平时要远离烟酒、以清淡饮食为主外，还要搭配合理，吃出健康身体。

韭黄炒牡蛎

◉难易度：★★☆ ◉营养功效：开胃消食

原料

牡蛎肉400克，韭黄200克，彩椒50克，姜片、蒜末、葱花各少许

调料

生粉15克，生抽8毫升，鸡粉、盐、料酒、食用油各适量

烹饪小提示

可用清水多冲洗几次牡蛎，以去除其中的杂质。

做法

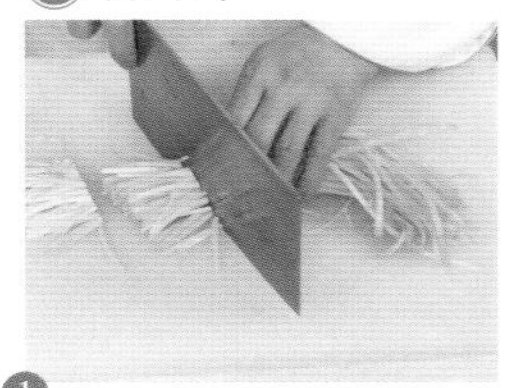

1. 洗净的韭黄切段，洗好的彩椒切条。

2. 把洗净的牡蛎肉装碗中，加料酒、鸡粉、盐、生粉，拌匀。

3. 锅中注入清水烧开，加牡蛎，捞出，沥干水分。

4. 热锅注油烧热，放原材料翻炒，放生抽、料酒、鸡粉、盐炒匀。

彩椒木耳烧花菜

◉难易度：★★☆ ◉营养功效：健脾开胃

原 料

花菜130克，彩椒70克，水发木耳40克，姜片、葱段各少许

调 料

盐、鸡粉各3克，蚝油5克，料酒4毫升，水淀粉、食用油各适量

做 法

1.木耳洗净切块，花菜洗净切小朵，彩椒洗净切块。2.锅中注水烧开，加盐、鸡粉，放木耳块、花菜拌煮，放彩椒块拌匀，煮约半分钟，至食材断生后捞出，沥干水分。3.用油起锅，放入姜片、葱段，倒入食材，淋入料酒，炒匀，加入鸡粉、盐、蚝油，倒入水淀粉，炒至食材熟透，盛出炒好的食材，装入盘中即成。

白菜炒菌菇

◉难易度：★★☆ ◉营养功效：补肾益脾

原 料

大白菜200克，蟹味菇60克，香菇50克，姜片、葱段各少许

调 料

盐3克，鸡粉少许，蚝油5克，水淀粉、食用油各适量

做 法

1.将洗净的蟹味菇切去老茎，洗好的香菇切片，洗净的大白菜切小块。2.锅中注入清水烧开，加入盐、食用油，倒入白菜块，放入香菇、蟹味菇，拌匀，煮约半分钟，捞出，沥干水分。3.用油起锅，放入姜片、葱段，倒入食材，加入蚝油、鸡粉、盐，炒匀，倒入水淀粉，炒至食材入味，盛出装盘即成。

烹饪时间 Time 2分钟

杏仁秋葵

◉难易度：★★☆ ◉营养功效：补中益气

原料

虾仁70克，秋葵100克，彩椒80克，北杏仁40克，姜片、葱段各少许

调料

盐4克，鸡粉3克，水淀粉6毫升，料酒5毫升，食用油适量

烹饪小提示

烹饪此菜时应注意炒的时间，不宜翻炒过久，以免营养成分流失，影响菜色。

做法

1 秋葵洗净去蒂切段，彩椒洗净切块，虾仁洗净去虾线。

2 虾仁加鸡粉、盐、水淀粉、食用油腌渍。

3 彩椒、秋葵焯水。

4 热锅注油，杏仁、虾仁分别入油锅略炸捞出。

5 锅底留油，放姜片、葱段爆香，放全部食材翻炒，加调味料炒匀装盘，放上杏仁即可。

香菇豌豆炒笋丁

◉难易度：★★☆　◉营养功效：开胃消食

原料

水发香菇65克，竹笋85克，胡萝卜70克，彩椒15克，豌豆50克

调料

盐2克，鸡粉2克，料酒、食用油各适量

做法

1.将洗净的竹笋切丁，洗好去皮的胡萝卜切丁，洗净的彩椒切小块，洗好的香菇切小块。

2.锅中注入清水烧开，放竹笋，加料酒，煮1分钟，放香菇、豌豆、胡萝卜拌匀，煮1分钟，加入食用油，拌匀，放入彩椒，拌匀，捞出，沥干水分。3.用油起锅，倒入食材，加入盐、鸡粉，炒匀，盛出即可。

豌豆炒胡萝卜

◉难易度：★★☆　◉营养功效：健脾益气

原料

胡萝卜150克，黄油8克，熟豌豆50克，鸡汤50毫升

调料

盐3克

做法

1.洗净去皮的胡萝卜切丝。2.锅置火上，倒入黄油，加热至其溶化，放入胡萝卜，炒匀。3.倒入鸡汤，加入盐，放入熟豌豆，炒匀，盛出锅中的菜肴，装入盘中即可。

蒜香荷兰豆

◉难易度：★★☆　◉营养功效：清热解毒

原 料

荷兰豆150克，胡萝卜40克，蒜末少许

调 料

盐2克，鸡粉1克，白糖、水淀粉、食用油各适量

烹饪小提示

荷兰豆一定要炒熟透后再食用，以免对身体不利。

做 法

1. 将洗净去皮的胡萝卜切片。

2. 胡萝卜、荷兰豆分别焯水后捞出，沥干。

3. 用油起锅，放入蒜末，倒入焯煮好的食材，炒匀。

4. 加盐、鸡粉、白糖、水淀粉，炒匀，盛出炒好的菜肴即可。

红花炖牛肉

◉难易度：★★☆ ◉营养功效：温中益气

原料

牛肉300克，土豆200克，胡萝卜70克，红花20克，花椒、姜片、葱段各少许

调料

料酒20毫升，盐2克

做法

1.洗好去皮的土豆切丁，洗净去皮的胡萝卜切小块，洗好的牛肉切丁。2.锅中注入清水烧开，倒入牛肉丁，淋入料酒，煮沸，汆去血水，捞出，沥干水分。3.砂锅中注入清水烧开，倒入牛肉丁，放入洗好的红花、花椒，淋入料酒，炖90分钟，倒入土豆、胡萝卜，搅匀，炖15分钟，加入盐，盛出装碗即可。

西红柿炒口蘑

◉难易度：★★☆ ◉营养功效：益脾和胃

原料

西红柿120克，口蘑90克，姜片、蒜末、葱段各适量

调料

盐4克，鸡粉2克，水淀粉、食用油各适量

做法

1.将洗净的口蘑切片，洗好的西红柿去蒂，切小块。2.锅中注水烧开，放入2克盐，倒入口蘑，煮1分钟至熟，把焯过水的口蘑捞出。3.用油起锅，放入姜片、蒜末，倒入口蘑，炒匀，加入西红柿，放入盐、鸡粉，炒匀，倒入水淀粉勾芡，盛出装盘，放上葱段即可。

烹饪时间
Time
2分钟

芥蓝炒冬瓜

◉难易度：★★☆ ◉营养功效：清热解毒

原 料

芥蓝80克，冬瓜100克，胡萝卜40克，木耳35克，姜片、蒜末、葱段各少许

调 料

盐4克，鸡粉2克，料酒4毫升，水淀粉、食用油各适量

烹饪小提示

冬瓜焯水时不宜焯煮太久，以免过于熟烂，影响成菜外观和口感。

做 法

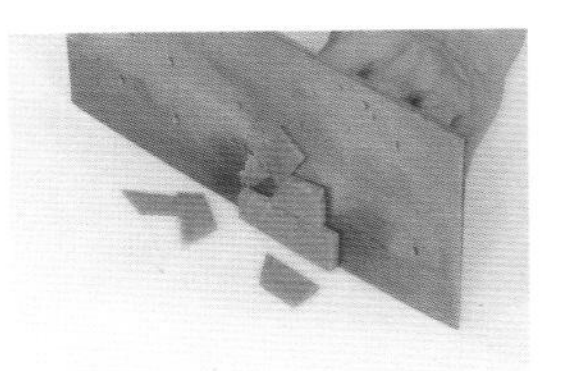

1. 木耳、芥蓝分别洗净切片；胡萝卜、冬瓜分别去皮洗净切片。

2. 锅中注水烧开，胡萝卜、木耳，煮半分钟。

3. 倒入芥蓝、冬瓜，煮1分钟，捞出。

4. 用油起锅，放姜片、蒜末、葱段，倒入焯好的食材，炒匀。

5. 放盐、鸡粉、料酒、水淀粉，炒匀，将炒好的菜盛出，装盘即可。

西瓜翠衣炒青豆

◉难易度：★★☆ ◉营养功效：健胃消食

原 料

西瓜皮200克，彩椒45克，青豆200克，蒜末、葱段各少许

调 料

盐3克，鸡粉2克，食用油适量

做 法

1.去除硬皮的西瓜皮切丁，洗净的彩椒切丁。2.锅中注入清水烧开，放入盐，倒入食用油，倒入青豆，搅散，煮1分30秒，至其断生，加入西瓜皮、彩椒，拌匀，煮至断生，捞出，沥干水分。3.用油起锅，放入蒜末，倒入青豆、西瓜皮、彩椒，炒匀，加入盐、鸡粉，放入葱段，炒片刻，盛出炒好的食材，装盘即可。

草菇花菜炒肉丝

◉难易度：★★★ ◉营养功效：润喉生津

原 料

草菇70克，彩椒20克，花菜180克，猪瘦肉240克，姜片、蒜末、葱段各少许

调 料

盐3克，生抽4毫升，料酒8毫升，蚝油、水淀粉、食用油各适量

做 法

1.草菇洗净切开，彩椒洗净切丝，花菜洗净切朵。2.猪瘦肉洗净切丝装碗，加料酒、盐、水淀粉、食用油腌渍。3.锅中注烧开，草菇焯水，花菜、彩椒煮至断生，捞出沥干。4.用油起锅，放肉丝翻炒，放姜片、蒜末、葱段，倒入食材炒匀，加盐、生抽、料酒、蚝油、水淀粉，炒至食材入味，盛出装盘中即可。

泡椒爆猪肝

◉难易度：★★☆　◉营养功效：散寒健胃

原 料

猪肝200克，水发木耳80克，胡萝卜60克，青椒20克，泡椒15克，姜片、蒜末、葱段各少许

调 料

盐4克，鸡粉3克，料酒10毫升，豆瓣酱8克，水淀粉10毫升，食用油适量

烹饪小提示

猪肝宜用大火快炒，这样炒出的猪肝才脆嫩爽口。

做 法

1. 木耳洗净切块，青椒洗净去籽切块，胡萝卜去皮洗净切片，泡椒对半切开。

2. 猪肝洗净切片，放盐、鸡粉、料酒、水淀粉，腌渍；木耳、胡萝卜焯水。

3. 用油起锅，放姜片、葱段、蒜末、猪肝翻炒，加料酒、豆瓣酱炒匀。

4. 放木耳、胡萝卜、青椒、泡椒炒匀，放水淀粉、盐、鸡粉炒匀即可。

蒜香大虾

◉难易度：★★☆　◉营养功效：健胃发汗

原料

基围虾230克，红椒30克，蒜末、葱花各少许

调料

盐2克，鸡粉2克

做法

1.用剪刀剪去基围虾头须和虾脚，将虾背切开，洗好的红椒切成丝。2.热锅注油，放入基围虾，炸至深红色，捞出。3.锅底留油，放入蒜末，倒入基围虾，放入红椒丝，炒匀，加入盐、鸡粉，放入葱花，炒匀，盛出炒好的基围虾，装入盘中即可。

虾米炒秋葵

◉难易度：★★☆　◉营养功效：补钙补锌

原料

虾米20克，鲜百合50克，秋葵100克，木耳40克，蒜末、葱段各少许

调料

料酒8毫升，盐2克，鸡粉2克，水淀粉4毫升，食用油适量

做法

1.洗好的木耳、秋葵切小块。2.锅中注入清水烧开，放入食用油，倒入木耳，煮沸，加入秋葵，拌匀，再煮半分钟，捞出，沥干水分。3.用油起锅，放入蒜末、葱段，倒入虾米，炒匀，淋入料酒，放入洗净的百合，倒入木耳、秋葵，加入盐、鸡粉，炒匀，淋入水淀粉，盛出炒好的食材，装入盘中即可。

烹饪时间
Time
13分钟

豆瓣酱烧带鱼

◉难易度：★★☆　◉营养功效：温中益气

原料

带鱼肉270克，姜末、葱花各少许

调料

盐2克，料酒9毫升，豆瓣酱10克，生粉、食用油各适量

做法

1 处理好的带鱼肉两面切上网格花刀，切块。

2 把鱼块放碗中，加盐、料酒、生粉，腌渍。

3 用油起锅，放带鱼块，煎至断生，盛出。

4 锅底留油烧热，倒入姜末、豆瓣酱，炒出香味。

5 加清水、带鱼块、料酒，拌匀，焖10分钟，盛出煮好的菜肴，摆入盘中，点缀上葱花即可。

烹饪小提示

腌渍带鱼时已经加盐，因此焖煮带鱼时不宜再放盐，以免菜的味道过咸。

豆腐皮枸杞炒包菜

◉难易度：★★☆ ◉营养功效：清热解毒

原 料

包菜200克，豆腐皮120克，水发香菇30克，枸杞少许

调 料

盐、鸡粉各2克，白糖3克，食用油适量

做 法

1.洗净的香菇切粗丝，将豆腐皮切片，洗好的包菜去除硬芯，切小块。2.锅中注入清水烧开，倒入豆腐皮，拌匀，略煮一会儿，捞出，沥干水分。3.用油起锅，倒入香菇，放入包菜，炒至变软，倒入豆腐皮，撒上枸杞，炒匀，加入盐、白糖、鸡粉，炒至食材入味，盛出炒好的食材即可。

虾皮炒冬瓜

◉难易度：★★☆ ◉营养功效：补肾温阳

原 料

冬瓜170克，虾皮60克，葱花少许

调 料

料酒、水淀粉各少许，食用油适量

做 法

1.将洗净去皮的冬瓜切小丁块。2.锅内倒入食用油，放入虾皮，淋入料酒，炒匀，放入冬瓜，注入清水，炒匀，煮3分钟至食材熟透。3.倒入水淀粉，炒匀，盛出炒好的食材，装入盘中，撒上葱花即可。

虾仁炒豆角

◉难易度：★★☆　◉营养功效：增强免疫

原料

虾仁60克，豆角150克，红椒10克，姜片、蒜末、葱段各少许

调料

盐3克，鸡粉2克，料酒4毫升，水淀粉、食用油各适量

烹饪小提示

虾仁不宜炒制太长时间，否则会影响其鲜嫩口感。

做法

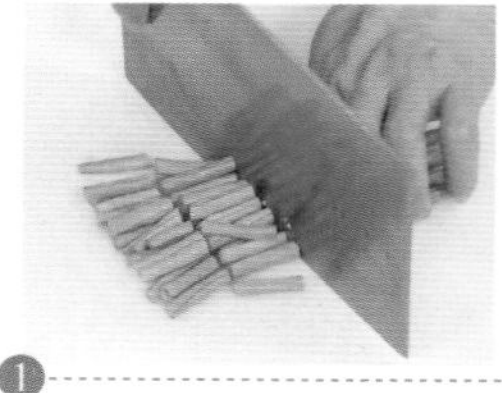

1. 洗净的豆角切段，洗好的红椒切条，洗净的虾仁去虾线。

2. 虾仁加盐、鸡粉、水淀粉、食用油，腌渍；豆角焯水。

3. 用油起锅，放姜片、蒜末、葱段、红椒、虾仁，翻炒几下。

4. 加料酒、豆角、鸡粉、盐、水、水淀粉，炒熟即成。

西红柿炒洋葱

◉难易度：★★☆ ◉营养功效：开胃健脾

原 料

西红柿100克，洋葱40克，蒜末、葱段各少许

调 料

盐2克，鸡粉、水淀粉、食用油各适量

做 法

1.将洗净的西红柿切小块，去皮洗净的洋葱切小片。2.用油起锅，倒入蒜末，放入洋葱片，倒入西红柿，炒片刻，加入盐，放入鸡粉，炒至食材断生。3.倒入水淀粉，炒至食材熟软，盛出炒好的食材，装入盘中，撒上葱段即成。

鲜菇烩湘莲

原 料

草菇100克，西蓝花150克，胡萝卜50克，水发莲子150克，姜片、葱段少许

调 料

料酒13毫升，盐4克，鸡粉4克，生抽4毫升，蚝油10克，水淀粉5毫升，食用油适量

做 法

1.洗净的西蓝花切小块；洗好的草菇切去根部，切上十字花刀；洗净去皮的胡萝卜切片。2.草菇、莲子、西蓝花焯水，捞出，沥干水分。3.用油起锅，放姜片、葱段、胡萝卜片、草菇、莲子、料酒，炒出香味，放入生抽、盐、鸡粉、水、蚝油、水淀粉，炒匀，盛出炒好的食材，放在西蓝花上即可。

烹饪时间
Time 2分钟

芦笋炒莲藕

◉难易度：★★☆ ◉营养功效：清热解毒

原 料

芦笋100克，莲藕160克，胡萝卜45克，蒜末、葱段各少许

调 料

盐3克，鸡粉2克，水淀粉3毫升，食用油适量

做 法

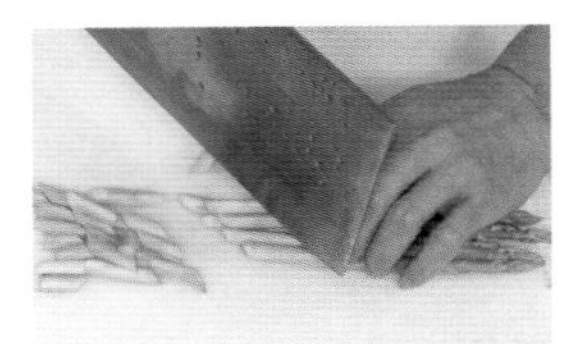

1 将洗净的芦笋去皮，切段，洗好去皮的莲藕、胡萝卜切丁。

2 藕丁、胡萝卜焯水。

3 把焯过水的藕丁和胡萝卜丁捞出。

4 用油起锅，放蒜末、葱段、芦笋、藕丁和胡萝卜丁，翻炒均匀。

5 加入盐、鸡粉、水淀粉，炒匀，把炒好的菜盛出，装入盘中即可。

烹饪小提示

焯煮莲藕时，可以放入少许白醋，以免藕片氧化变黑，影响成品外观。

嫩姜菠萝炒牛肉

◉难易度：★★★　◉营养功效：补脾益气

原料

嫩姜100克，菠萝肉100克，红椒15克，牛肉180克，蒜末、葱段各少许

调料

盐3克，鸡粉、食粉各少许，番茄汁15毫升，料酒、水淀粉、食用油各适量

做法

1.将洗净的嫩姜切片；红椒去籽切块；菠萝肉切块；牛肉切片。2.姜片放盐腌渍；牛肉片放食粉、盐、鸡粉、水淀粉、食用油腌渍。3.姜片、菠萝、红椒焯水。4.用油起锅，放蒜末爆香，倒入牛肉片、料酒，放入焯好的材料炒匀，加番茄汁、水淀粉炒匀，盛入盘中，放入葱段即可。

葱爆海参

◉难易度：★★☆　◉营养功效：补益脾胃

原料

海参300克，葱段50克，姜片40克，高汤200毫升

调料

盐、鸡粉各3克，白糖2克，蚝油5克，料酒4毫升，生抽6毫升，水淀粉、食用油各适量

做法

1.将洗净的海参切条形。2.锅中注入清水烧开，加入盐、鸡粉，倒入海参，拌匀，煮约1分钟，捞出，沥干水分。3.用油起锅，放入姜片、部分葱段，倒入海参，淋入料酒，倒入高汤，放入蚝油，淋入生抽，加入盐、鸡粉、白糖，炒匀，撒上余下的葱段，倒入水淀粉，炒至汤汁收浓，盛出即成。

姜葱生蚝

◉难易度：★★☆ ◉营养功效：补肾扶阳

原料

生蚝肉180克，彩椒片、红椒片各35克，姜片30克，蒜末、葱段各少许

调料

盐3克，鸡粉2克，白糖3克，生粉10克，老抽2毫升，料酒4毫升，生抽5毫升，水淀粉、食用油各适量

烹饪小提示

滚在生蚝上的生粉要均匀一些，这样炸好的成品口感才好。

做法

1. 锅中注入清水烧开，放入生蚝肉，煮1分30秒，捞出。

2. 将生蚝肉装入碗中，放生抽、生粉，腌渍至入味，炸至微黄。

3. 锅底留油，放姜、蒜、红椒片、彩椒片、生蚝肉、葱段、料酒炒匀。

4. 放老抽、生抽、盐、鸡粉、白糖、水淀粉，炒熟即成。

韭菜炒干贝

◉难易度：★★☆　◉营养功效：和胃调中

烹饪时间 Time 2分钟

原料

韭菜200克，彩椒60克，干贝80克，姜片少许

调料

料酒10毫升，盐2克，鸡粉2克，食用油适量

做法

1.洗净的韭菜切段，洗好的彩椒切条。2.热锅注油烧热，放入姜片，倒入洗好的干贝，炒出香味，淋入料酒，放入彩椒丝，炒匀。3.倒入韭菜段，炒至熟软，加入盐、鸡粉，炒匀，盛出炒好的食材，装入盘中即可。

鲜虾烧鲍鱼

◉难易度：★★★　◉营养功效：补肾益精

原料

基围虾180克，鲍鱼250克，西蓝花100克，葱段、姜片各少许

调料

海鲜酱25克，盐3克，蚝油6克，料酒8毫升，蒸鱼豉油、水淀粉、鸡粉、食用油各适量

做法

1.取下鲍鱼肉，刮去污渍，放入清水中，浸泡一会儿。2.鲍鱼肉、基围虾、西蓝花分别焯水，捞出。3.砂锅置火上，淋入食用油烧热，放入姜片、葱段、海鲜酱、鲍鱼肉，炒匀，加水、料酒、蒸鱼豉油，煮1小时，放基围虾、蚝油、鸡粉、盐，煮熟，倒入水淀粉炒匀，盛入盘中，用西蓝花围边即成。

烹饪时间 Time 67分钟

烹饪时间 Time 1分钟

胡萝卜炒豆芽

◉难易度：★★☆ ◉营养功效：生津止渴

原 料

胡萝卜150克，黄豆芽120克，彩椒40克，葱、蒜蓉、姜丝各少许

调 料

盐3克，味精、白糖、料酒、水淀粉、食用油各适量

烹饪小提示

烹饪此菜时，油盐不宜用太多，应尽量保持黄豆芽清淡的性味和爽口的特点。

做 法

1 把洗净的胡萝卜、彩椒切条，洗净的葱切段。

2 锅注水烧热，加盐、食用油，煮沸。

3 放胡萝卜丝、黄豆芽、彩椒丝焯水。

4 起锅注油烧热，放姜丝、葱段、蒜蓉、焯煮好的食材，炒匀。

5 加盐、白糖、味精、料酒、水淀粉，炒匀，盛入盘中即可。

红薯烧南瓜

◉难易度：★★☆　◉营养功效：益胃补肾

原料

红薯100克，南瓜120克，葱花少许

调料

盐2克，鸡粉2克，食用油适量

做法

1.洗好去皮的南瓜切丁，洗净去皮的红薯切丁。2.锅中注入食用油烧热，倒入红薯、南瓜，炒匀。3.加清水，焖10分钟，放盐、鸡粉，炒匀，将锅中食材盛出，装入盘中，撒上葱花即可。

香辣虾仁蒸南瓜

◉难易度：★★☆　◉营养功效：温阳暖肾

原料

去皮南瓜300克，虾仁90克，蒜蓉辣酱2勺，子尖椒末5克，葱段、姜片、香菜各少许

调料

鸡粉2克，白糖3克，陈醋、辣椒油各5毫升，料酒、生抽、水淀粉、食用油各适量

做法

1.南瓜洗净切片，虾仁洗净切丁。2.南瓜蒸熟，取出，倒出多余的汁水。3.起锅注油，放姜片、葱段、虾仁、子尖椒末、蒜蓉辣酱、料酒、生抽、水、白糖、鸡粉、陈醋、水淀粉、辣椒油，炒熟，放在蒸好的南瓜上，用香菜做点缀即可。

清蒸红汤鸡翅

◉难易度：★★☆ ◉营养功效：健脾补虚

原 料

鸡翅300克，上海青20克，鲜香菇15克，高汤200毫升，姜片、葱段各少许

调 料

盐2克，鸡粉2克，料酒5毫升，生抽、老抽各4毫升，食用油适量

烹饪小提示

鸡翅不宜炸得过久，以免蒸完后影响口感。

做 法

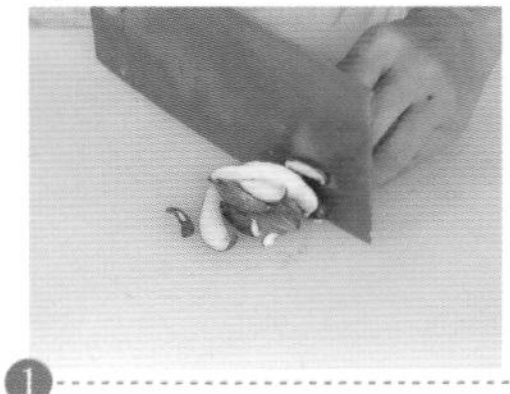

1. 将洗净的香菇切条，将洗好的上海青对半切开。

2. 鸡翅加老抽、料酒腌制，炸至金黄色，捞出，沥干油。

3. 蒸碗放香菇、鸡翅、姜、葱、高汤、生抽、盐、鸡粉、料酒拌匀。

4. 蒸锅上火烧开，放入蒸碗，蒸熟透，放上海青，续蒸10分钟即可。

蜂蜜蒸木耳

◉难易度：★☆☆ ◉营养功效：健脾益胃

原 料

水发木耳15克，红糖、蜂蜜、枸杞各少许

做 法

1.取一个碗，倒入洗好的木耳，加入蜂蜜、红糖，搅拌均匀，倒入蒸盘。2.蒸锅上火烧开，放入蒸盘，蒸20分钟至其熟透。3.将蒸好的木耳取出，撒上枸杞点缀即可。

肉末蒸日本豆腐

◉难易度：★★☆ ◉营养功效：开胃健脾

原 料

西红柿100克，日本豆腐100克，肉末80克，葱花少许

调 料

盐3克，鸡粉2克，料酒3毫升，生抽4毫升，水淀粉、食用油各适量

做 法

1.将日本豆腐切棋子状的小块，洗净的西红柿切丁。2.用油起锅，倒入肉末，淋入料酒、生抽，加盐、鸡粉、西红柿，倒入水淀粉勾芡，炒制成酱料。3.取一个蒸盘，放上日本豆腐，铺上酱料，蒸锅上火烧开，放入蒸盘，蒸约5分钟，至食材熟透，取出蒸好的食材，趁热撒上葱花，浇上少许热油即可。

烹饪时间 Time 57分钟

胡萝卜板栗排骨汤

◉难易度：★★☆　◉营养功效：健脾养胃

原料

排骨段300克，胡萝卜120克，板栗肉65克，姜片少许

调料

料酒12毫升，盐2克，鸡粉2克，胡椒粉适量

烹饪小提示

去壳的板栗可以在开水中泡一会儿，能更好地去除薄膜。

做法

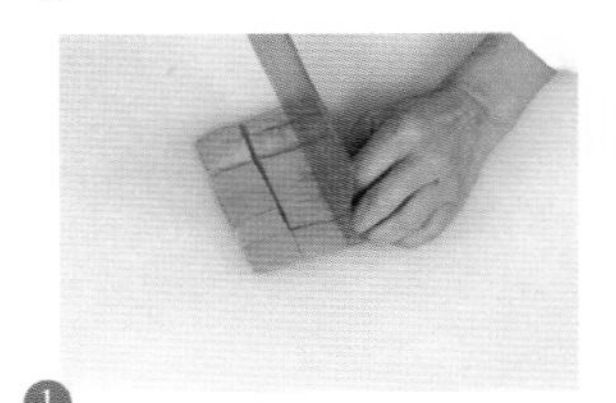

1 洗净去皮的胡萝卜切小块。

2 洗净的排骨汆去血水，捞出，沥干水分。

3 砂锅中注水烧开，放排骨、姜片、板栗肉、料酒，拌匀，煮30分钟。

4 倒入胡萝卜，搅匀，煮25分钟至食材熟软。

5 加入盐、鸡粉，煮一会儿，撒上胡椒粉，煮至食材入味，盛出即可。

补骨脂炖牛肉

◉难易度：★★☆　◉营养功效：补益脾胃

原 料

补骨脂6克，姜片12克，牛肉200克

调 料

盐2克，鸡粉2克，料酒16毫升

做 法

1.洗好的牛肉切丁。2.锅中注入清水烧开，倒入牛肉丁，加入料酒，搅匀，煮沸，汆去血水，捞出，沥干水分。3.锅中倒入清水烧开，倒入牛肉丁，撒入姜片，加入洗净的补骨脂，拌匀，淋入料酒，煮沸，炖90分钟，至食材熟透，加入盐、鸡粉，拌至食材入味，盛出煮好的汤料，装入汤碗中即可。

猴头菇炖排骨

◉难易度：★★☆　◉营养功效：理中益气

原 料

排骨350克，水发猴头菇70克，姜片、葱花各少许

调 料

料酒20毫升，鸡粉2克，盐2克，胡椒粉适量

做 法

1.洗好的猴头菇切小块。2.锅中注入清水烧开，倒入洗净的排骨，淋入料酒，拌匀，煮沸，汆去血水，捞出，沥干水分。3.砂锅中注入清水烧开，倒入猴头菇，加入姜片，放入排骨，淋入料酒，拌匀，炖1小时，至食材酥软，加鸡粉、盐、胡椒粉，拌匀，将煮好的汤料盛出，装入汤碗中，撒上葱花即可。

杜仲核桃炖猪腰

◉难易度：★★☆ ◉营养功效：和肾理气

原料

猪腰300克，杜仲15克，核桃仁25克，姜片、葱花各少许

调料

盐2克，鸡粉2克，胡椒粉1克，料酒少许

烹饪小提示

切好的猪腰可先用少许料酒和盐腌渍片刻，以去除其腥味。

做法

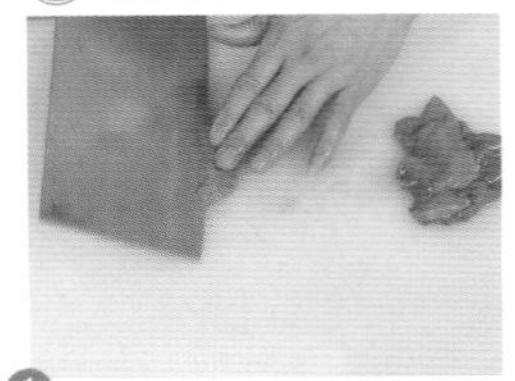

1. 洗好的猪腰去除筋膜，切片。
2. 猪腰汆去血水。

3. 砂锅中注水烧开，放猪腰、杜仲、核桃、姜片、料酒，煮熟。

4. 加盐、鸡粉、胡椒粉拌匀，撇去浮沫，盛出，放入葱花即可。

金樱子芡实羊肉汤

◉难易度：★★☆ ◉营养功效：保肝护肾

原 料

羊肉300克，金樱子20克，芡实30克，姜片20克

调 料

料酒20毫升，盐3克，鸡粉3克

做 法

1.洗净的羊肉切成丁。2.锅中注入清水烧开，倒入羊肉丁，淋入料酒，煮沸，汆去血水，捞出，沥干水分。3.砂锅中注入清水烧开，放入姜片、芡实、金樱子，倒入羊肉，淋入料酒，煮90分钟至羊肉熟透，加入盐、鸡粉，煮片刻至食材入味，盛出煮好的汤料，装入碗中即可。

香菇炖竹荪

原 料

鲜香菇70克，菜心100克，水发竹荪40克，高汤200毫升

调 料

盐3克，食用油适量

做 法

1.洗好的竹荪切段，洗净的香菇切花刀。2.菜心焯水，捞出，沥干水分；香菇、竹荪焯水，捞出，沥干水分；把香菇装入碗中，加入竹荪，将高汤倒入锅中，煮沸，放入盐，拌匀，把高汤倒入装有香菇和竹荪的碗中。3.将碗放入烧开的蒸锅中，蒸30分钟，至食材熟软，取出蒸碗，放入焯好的菜心即可。

烹饪时间 Time 62分钟

紫菜虾米猪骨汤

◉难易度：★★☆　◉营养功效：补肾温阳

原料

猪骨400克，虾米20克，紫菜、姜片、葱花各少许

调料

料酒10毫升，盐2克，鸡粉2克

烹饪小提示

汆煮好的猪骨可以过一下凉水，这样煮出来的汤汁不会太油腻。

做法

1. 锅中注入适量清水烧开。

2. 倒入处理干净的猪骨，淋入料酒，略煮一会儿，汆去血水，捞出。

3. 砂锅中注水烧开，放姜片、猪骨、虾米、料酒，煮40分钟。

4. 放入紫菜，拌匀，续煮20分钟。

5. 加盐、鸡粉，拌匀，将煮好的汤料盛出，装入碗中，撒上葱花即可。

大麦猪骨汤

◉难易度：★★☆ ◉营养功效：强筋健骨

原料

水发大麦200克，排骨250克

调料

盐2克，料酒适量

做法

1.锅中注入清水烧开，倒入洗净的猪骨，淋入料酒，汆煮片刻，捞出。2.砂锅中注入清水烧开，倒入猪骨、大米，淋入料酒，拌匀，煮90分钟。3.加入盐，拌匀，盛出煮好的汤，装入碗中即可。

柴胡枸杞羊肉汤

◉难易度：★★☆ ◉营养功效：温中益气

原料

柴胡10克，枸杞10克，羊肉300克，姜片25克，上海青120克

调料

生抽4毫升，料酒8毫升，水淀粉5毫升，盐3克，鸡汁10毫升，鸡粉、食用油各适量

做法

1.洗好的上海青切开，洗净的羊肉切片。2.羊肉片放鸡粉、盐、水淀粉、油，腌渍。3.砂锅中注水烧开，放入洗净的柴胡，煮15分钟，将药材捞干净，倒入鸡汁，放盐、料酒、枸杞、姜片，放入羊肉，煮沸，放入上海青，煮1分钟，淋入生抽，拌至食材入味，盛出煮好的汤料，装入碗中即可。

金针菇蔬菜汤

◉难易度：★★☆ ◉营养功效：补虚健体

原料

金针菇30克，香菇10克，上海青20克，胡萝卜50克，清鸡汤300毫升

调料

盐2克，鸡粉3克，胡椒粉适量

烹饪小提示

上海青不宜煮太久，以免煮老了影响口感。

做法

1. 上海青洗净切瓣，胡萝卜洗净切片，金针菇洗净去根。

2. 砂锅中注入清水、鸡汤，煮沸。

3. 倒入金针菇、香菇、胡萝卜，拌匀，续煮10分钟至熟。

4. 发包方上海青，加入盐、鸡粉、胡椒粉，拌匀，盛出即可。

茯苓鳝鱼汤

◉难易度：★★☆ ◉营养功效：养胃健脾

原料

茯苓10克，姜片20克，鳝鱼200克，水发茶树菇100克

调料

盐2克，鸡粉2克，料酒10毫升

做法

1.处理好的鳝鱼切成段，洗好的茶树菇切去根部。2.砂锅中注入清水烧开，放入洗好的茯苓，倒入茶树菇，煮15分钟，放入鳝鱼段、姜片，淋入料酒，拌匀。3.煮15分钟，至食材熟透，放入盐、鸡粉，盛出煮好的汤料，装入碗中即可。

清炖羊肉汤

◉难易度：★★☆ ◉营养功效：益气补脾

原料

羊肉块350克，甘蔗段120克，白萝卜150克，姜片20克

调料

料酒20毫升，盐3克，鸡粉2克，胡椒粉2克

做法

1.洗净去皮的白萝卜切段。2.锅中注水烧开，倒入洗净的羊肉块，搅匀，煮1分钟，淋入料酒，汆去血水，捞出，沥干水分。3.砂锅中注水烧开，倒入羊肉块、甘蔗段、姜片，淋入料酒，炖1小时，至食材熟软，倒入白萝卜，拌匀，煮20分钟，至白萝卜软烂，加入盐、鸡粉、胡椒粉，拌匀，盛入碗中即可。

烹饪时间 Time 4分钟

黑木耳拌海蜇丝

◉难易度：★☆☆　◉营养功效：健脾利湿

原料

水发黑木耳40克，水发海蜇120克，胡萝卜80克，西芹80克，香菜20克，蒜末少许

调料

盐1克，鸡粉2克，白糖4克，陈醋6毫升，芝麻油2毫升，食用油适量

烹饪小提示

焯煮海蜇的时间不宜太长，否则海蜇会严重缩水，影响成品外观。

做法

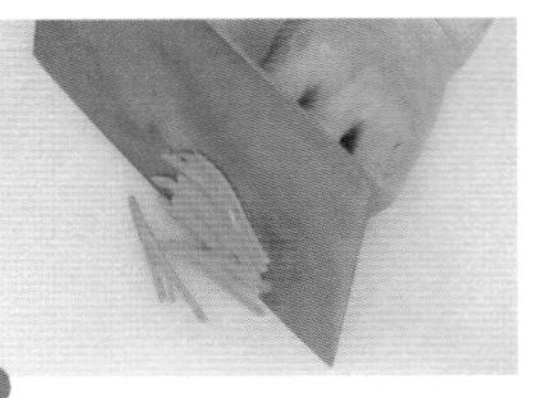

1.洗净去皮的胡萝卜、西芹、海蜇切丝，黑木耳切块，香菜切成末。

2.锅中注水烧开，放入海蜇丝、胡萝卜、黑木耳、油，煮1分钟。

3.放入西芹，略煮一会儿，把食材捞出沥干。

4.将煮好的食材装入碗中，放入蒜末、香菜。

5.加白糖、盐、鸡粉、陈醋、芝麻油拌匀即可。

木耳拌豆角

◉难易度：★★☆ ◉营养功效：健脾益胃

原料

水发木耳40克，豆角100克，蒜末、葱花各少许

调料

盐3克，鸡粉2克，生抽4毫升，陈醋6毫升，芝麻油、食用油各适量

做法

1.将洗净的豆角切成小段，洗好的木耳切成小块。2.锅中注入清水烧开，加入盐、鸡粉，倒入豆角，注入食用油，搅匀，煮约半分钟，放入木耳，煮约1分30秒，捞出，沥干水分。3.将食材装在碗中，撒上蒜末、葱花，加入盐、鸡粉，淋入生抽、陈醋，倒入芝麻油，拌匀，取盘子，盛入拌好的食材即成。

紫甘蓝拌茭白

◉难易度：★★☆ ◉营养功效：利尿止渴

原料

紫甘蓝150克，茭白200克，彩椒50克，蒜末少许

调料

盐2克，鸡粉2克，陈醋4毫升，芝麻油3毫升，食用油适量

做法

1.洗净去皮的茭白切成丝，洗好的彩椒、紫甘蓝切丝。2.锅中注入清水烧开，加食用油，倒入茭白，煮半分钟至五成熟，加入紫甘蓝、彩椒，煮半分钟至断生，捞出，沥干水分。3.将食材装入碗中，放入蒜末，加入生抽、盐、鸡粉，淋入陈醋、芝麻油，拌匀，将拌好的食材盛出，装入盘中即可。

海带拌腐竹

◉难易度：★★☆　◉营养功效：补脾润肠

原料

水发海带120克，胡萝卜25克，水发腐竹100克

调料

盐2克，鸡粉少许，生抽4毫升，陈醋7毫升，芝麻油适量

烹饪小提示

海带的腥味较重，可以多放入一些芝麻油，这样口感会更佳。

做法

1. 将洗净的腐竹切段，洗好的海带切丝，洗净的胡萝卜切丝。

2. 腐竹段焯水，海带丝焯水。

3. 取碗，倒入腐竹段、海带丝、胡萝卜丝，拌匀。

4. 加盐、鸡粉、生抽、陈醋、芝麻油，拌至入味即成。

烹饪时间 Time 3分钟

黄瓜拌绿豆芽

◉难易度：★★☆ ◉营养功效：清热解毒

原料

黄瓜200克，绿豆芽80克，红椒15克，蒜末、葱花各少许

调料

盐2克，鸡粉2克，陈醋4毫升，芝麻油、食用油各适量

做法

1.将洗净的黄瓜切成丝，洗好的红椒去籽，切成丝。2.锅中注入清水烧开，加入食用油，放入洗好的绿豆芽、红椒，拌匀，煮约半分钟至熟，捞出，沥干水分，装入碗中。3.放入黄瓜丝，加入盐、鸡粉，放入蒜末、葱花，倒入陈醋，淋入芝麻油，拌匀即成。

紫菜凉拌白菜心

◉难易度：★★☆ ◉营养功效：健脾开胃

原料

大白菜200克，水发紫菜70克，熟芝麻10克，蒜、姜、葱各少许

调料

盐3克，白糖3克，陈醋5毫升，芝麻油2毫升，鸡粉、食用油各适量

做法

1.大白菜洗净切丝。2.用油起锅，倒入蒜末、姜末，盛出。3.大白菜、紫菜焯水。4.把食材装入碗中，放蒜末、姜末、盐、鸡粉、陈醋、白糖、芝麻油、葱花，拌匀，盛入碗中，撒上熟芝麻即可。

烹饪时间 Time 2分钟

果仁凉拌西葫芦

◉难易度：★★☆　◉营养功效：清热降压

原料

花生米100克，腰果80克，西葫芦400克，蒜末、葱花各少许

调料

盐4克，鸡粉3克，生抽4毫升，芝麻油2毫升，食用油适量

烹饪小提示

花生米和腰果焯煮后要沥干水分，以免炸的时候溅油。

做法

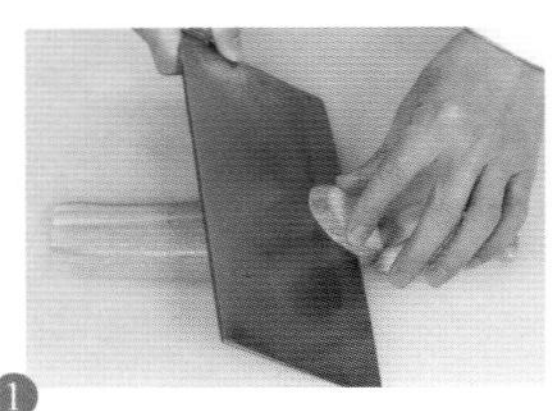

1. 将洗净的西葫芦切片。

2. 西葫芦焯水。

3. 花生米、腰果倒入沸水锅中，煮半分钟，捞出，沥干水分。

4. 花生米、腰果炸香。

5. 把煮好的西葫芦倒入碗中，加入盐、鸡粉、生抽、蒜末、葱花、芝麻油、花生米、腰果，拌匀，盛入盘中即可。

凉拌竹笋尖

◉难易度：★★☆　◉营养功效：开胃消食

原 料

竹笋129克，红椒25克

调 料

盐2克，白醋5毫升，鸡粉、白糖各少许

做 法

1.去皮洗好的竹笋切小块，洗净的红椒去籽、切丝。2.锅中注入清水烧开，倒入竹笋，煮至变软，放入彩椒，煮至食材断生，捞出，沥干水分。3.将食材装入碗中，加入盐、鸡粉，放入白糖、白醋，拌至食材入味，将拌好的食材装入盘中即可。

小白菜拌牛肉末

◉难易度：★★☆　◉营养功效：补脾益气

原 料

牛肉100克，小白菜160克，高汤100毫升

调 料

盐少许，白糖3克，番茄酱15克，料酒、水淀粉、食用油各适量

做 法

1.将洗好的小白菜切段，洗净的牛肉切碎、剁成肉末。2.锅中注水烧开，加食用油、盐，放入小白菜，焯煮1分钟，至熟透，捞出，沥干水分。3.用油起锅，倒入牛肉末，炒匀，淋入料酒，炒香，倒入高汤，加入番茄酱、盐、白糖，倒入水淀粉，拌匀，将牛肉末盛在装好盘的小白菜上。

茅根红豆粥

◉难易度：★★☆ ◉营养功效：健胃生津

原料

水发大米150克，水发红豆90克，茅根50克

调料

白糖25克

烹饪小提示

可将茅根捆好后再放入锅中，这样更方便捞出。

做法

1. 砂锅中注入清水烧开，放入洗净的茅根、红豆。

2. 煮约15分钟，将锅中的茅根取出。

3. 倒入洗净的大米，拌匀，煮约30分钟至食材熟透。

4. 放入白糖，拌匀，煮约1分钟至其溶化，盛入碗中即可。

肉苁蓉枸杞粥

◉难易度：★★☆ ◉营养功效：保肝护肾

原 料

肉苁蓉7克，枸杞10克，水分大米150克

做 法

1.砂锅注入适量的清水烧开，倒入肉苁蓉，炖10分钟，将药渣捞干净。2.倒入备好的大米，放入枸杞，拌匀，炖30分钟。3.将煮好的粥盛出装入碗中，即可食用。

金樱子芡实粥

◉难易度：★★☆ ◉营养功效：温中益气

原 料

金樱子8克，芡实20克，水发大米180克

调 料

盐2克

做 法

1.砂锅中注入适量清水烧开，倒入洗净的金樱子、芡实。2.放入洗好的大米，拌匀，煮1小时，至食材熟透。3.加入少许盐，拌使粥味道均匀，将熬煮好的粥盛出，装入碗中即可。

烹饪时间
Time
57分钟

桑葚黑豆黑米粥

◉难易度：★★☆ ◉营养功效：生津润肠

原料

桑葚15克，水发黑豆20克，水发黑米50克，水发大米50克

调料

冰糖10克

烹饪小提示

黑豆和黑米不易煮熟，可以多浸泡一段时间。

做法

1. 砂锅中注入适量清水烧开，倒入洗好的桑葚。

2. 盖上盖，用小火煮15分钟至其析出有效成分，捞出桑葚。

3. 倒入洗好的黑豆、黑米、大米，拌匀。

4. 用小火煮40分钟至食材熟透。

5. 放入冰糖，拌匀，煮至冰糖溶化，把煮好的粥盛出，装入碗中即可。

芡实莲子粥

◉难易度：★★☆ ◉营养功效：补中益气

原 料

水发大米120克，水发莲子75克，水发芡实90克

做 法

1.砂锅中注入清水烧开，倒入芡实、莲子，搅拌一会儿，煮约10分钟至其熟软。2.倒入洗净的大米，煮约30分钟至食材完全熟软。3.将煮好的粥盛出，装入碗中即可。

海参粥

◉难易度：★★☆ ◉营养功效：补肾益精

原 料

海参300克，粳米250克，姜丝少许

调 料

盐、鸡粉各2克，芝麻油少许

做 法

1.洗净的海参切开，去除内脏，再切成丝。2.锅中注入清水烧开，放入海参，略煮片刻，去除腥味，捞出。3.砂锅中注入清水烧热， 倒入洗好的粳米，煮40分钟至粳米熟软，加入盐、鸡粉，拌匀，倒入海参，放入姜丝，煮10分钟，淋入芝麻油，拌匀，盛出煮好的粥，装入碗中即可。

海带绿豆粥

◉难易度：★★☆ ◉营养功效：清热降压

原 料

水发大米160克，水发绿豆90克，水发海带丝65克

烹饪小提示

海带丝煮的时间不宜太长，以免口感绵软，失去了韧劲。

做 法

1. 砂锅中注入清水烧热。

2. 放入洗好的大米、绿豆，煮约40分钟至米粒变软。

3. 倒入洗净的海带丝，搅匀，煮约15分钟至食材熟透。

4. 盛出煮好的绿豆粥，装入汤碗中即成。

鸡丝干贝小米粥

◉难易度：★★☆ ◉营养功效：健脾止泻

原料

水发小米160克，熟鸡胸肉75克，水发干贝50克，葱花、姜丝各少许

调料

盐2克，鸡粉2克，料酒4毫升

做法

1.将熟鸡胸肉撕成细丝，用手将干贝碾碎。2.砂锅中注入适量清水烧热，倒入洗好的小米，放入鸡胸肉、干贝，拌匀。3.倒入姜丝，淋入料酒，拌匀，煮30分钟，加入盐、鸡粉，盛入碗中，点缀上葱花即可。

羊肉淡菜粥

◉难易度：★★☆ ◉营养功效：补肾壮阳

原料

水发淡菜100克，水发大米200克，羊肉末10克，姜片、葱花各少许

调料

盐2克，鸡粉2克

做法

1.砂锅中注入清水大火烧热，倒入泡发好的大米，搅拌，煮30分钟至熟软。2.倒入淡菜、羊肉，放入姜片、葱花，搅匀，煮30分钟。3.放入盐、鸡粉，将煮好的粥盛入碗中即可。

烹饪时间

Time 2分钟

薄荷黄瓜雪梨汁

◉难易度：★★☆　◉营养功效：养心润肺

原料

薄荷10克，黄瓜180克，雪梨200克

调料

蜂蜜15克

烹饪小提示

可以将榨好的蔬果汁撇去浮沫，这样成品的口感更佳。

做法

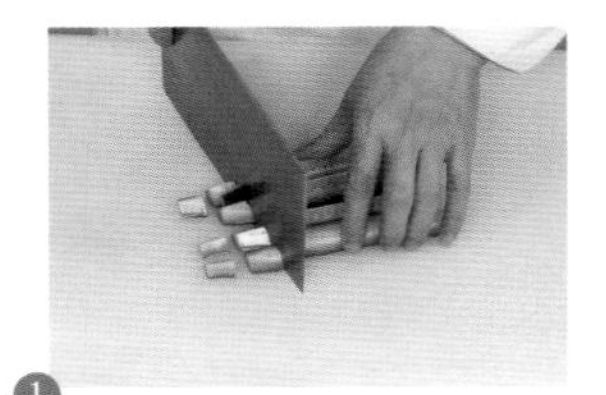

1. 洗净的黄瓜切丁，洗好的雪梨去皮，切小块。

2. 取榨汁机，倒入黄瓜丁、雪梨块、薄荷，加入矿泉水。

3. 选择“榨汁”功能，榨取蔬果汁。

4. 加入适量蜂蜜。

5. 拌匀，倒出榨好的蔬果汁，装入杯中即可。

西瓜猕猴桃汁

◉难易度：★★☆ ◉营养功效：健脾温胃

原 料

西瓜300克，猕猴桃100克

做 法

1.洗净的猕猴桃去皮，去芯，切小块，洗净去皮的西瓜切小块。2.取榨汁机，倒入猕猴桃块，加入西瓜。3.选择“搅拌”功能，榨取果汁，把榨好的果汁倒入杯中即可。

葡萄黄瓜汁

◉难易度：★☆☆ ◉营养功效：健胃消食

原 料

葡萄100克，黄瓜100克，西红柿90克

做 法

1.洗好的西红柿切成小块，洗净的黄瓜切成小块。2.取榨汁机，放入洗净的葡萄，加入黄瓜、西红柿，倒入纯净水。3.选择“榨汁”功能，榨取蔬果汁，将蔬果汁倒入杯中即可。

黄瓜猕猴桃汁

◉难易度：★☆☆　◉营养功效：生津调气

原料

黄瓜120克，猕猴桃150克

调料

蜂蜜15克

烹饪小提示

榨好的蔬果汁上会有些浮沫，撇去之后口感会更好。

做法

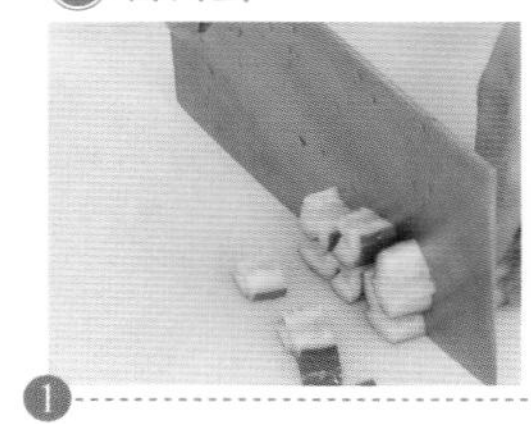

1. 洗净的黄瓜切丁，洗净去皮的猕猴桃切块。

2. 取榨汁机，将黄瓜、猕猴桃倒入搅拌杯中，加入纯净水。

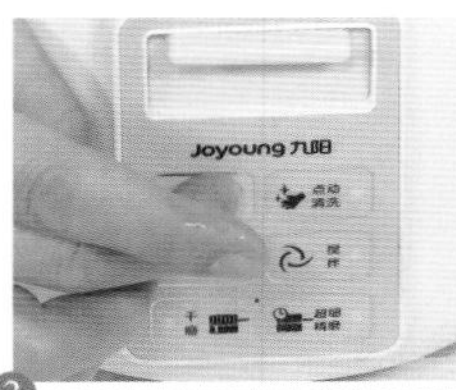

3. 选择“榨汁”功能，榨取蔬果汁。

4. 加入蜂蜜，搅拌片刻，将榨好的蔬果汁倒入杯中即可。

蜜柚苹果猕猴桃沙拉

◉难易度：★☆☆　◉营养功效：益气和胃

原 料

柚子肉120克，猕猴桃100克，苹果100克，巴旦木仁35克，枸杞15克

调 料

沙拉酱10克

做 法

1.洗净的猕猴桃去皮，切成瓣，切小块，洗好的苹果去核，切成瓣，切小块，将柚子肉分成小块。2.把处理好的果肉装入碗中，放入沙拉酱，加入巴旦木仁、枸杞，拌使食材入味。3.将拌好的水果沙拉盛出，装入盘中即可。

葡萄柚猕猴桃沙拉

◉难易度：★☆☆　◉营养功效：保肝护肾

原 料

葡萄柚200克，猕猴桃100克，圣女果70克

调 料

炼乳10克

做 法

1.洗净的猕猴桃去皮，去除硬芯，切片，葡萄柚剥去皮，切小块，洗好的圣女果切小块。2.把葡萄柚、猕猴桃装入碗中，挤入炼乳，拌匀，使炼乳裹匀食材。3.取盘子，摆上圣女果装饰，将拌好的沙拉装入盘中即可。

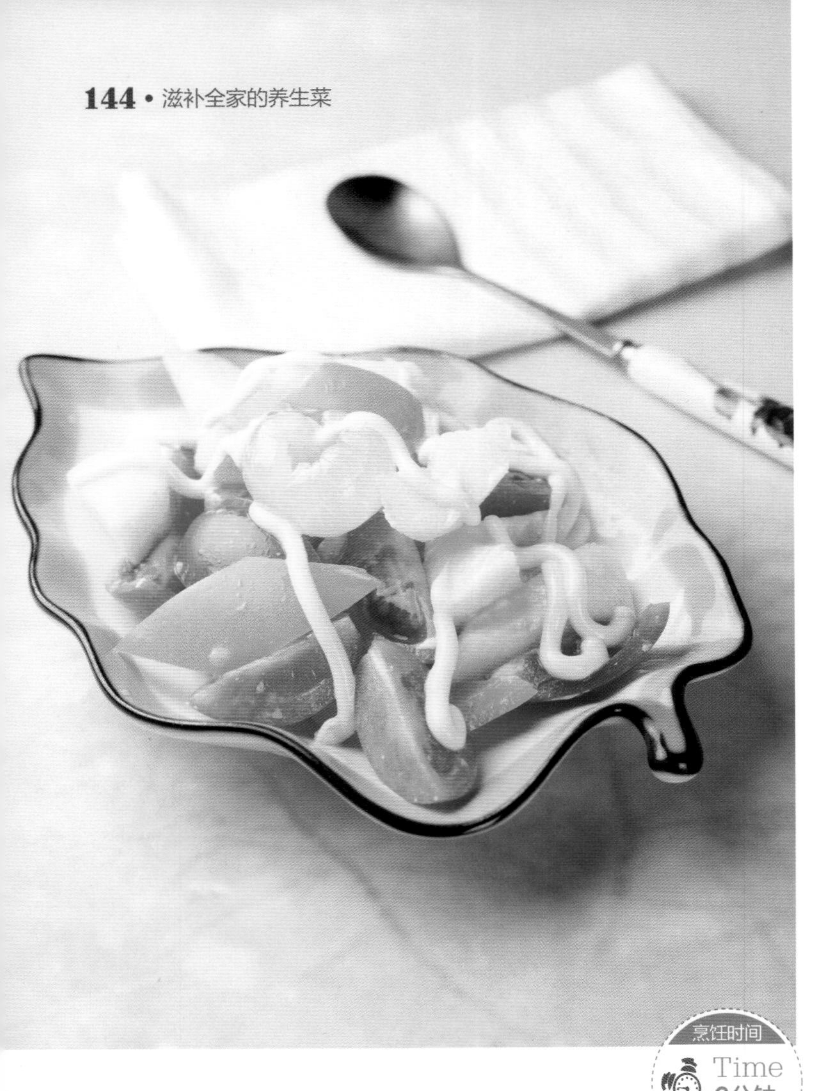

烹饪时间 Time 2分钟

桂圆水果沙拉

◉难易度：★★☆ ◉营养功效：开胃消食

原 料

雪梨180克，彩椒80克，圣女果100克，桂圆肉100克

调 料

沙拉酱15克，橄榄油8克

烹饪小提示

在沙拉酱内调入少许酸奶，味道会更好。

做 法

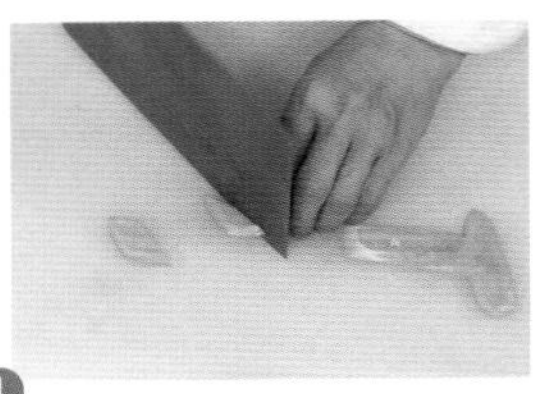

1. 洗净的彩椒、圣女果切小块，洗净的雪梨去皮，去籽，切丁。

2. 锅中注水烧开，放入彩椒，煮约半分钟。

3. 把焯煮好的彩椒捞出，装盘备用。

4. 把备好的材料装入碗中，加入沙拉酱，橄榄油，拌匀。

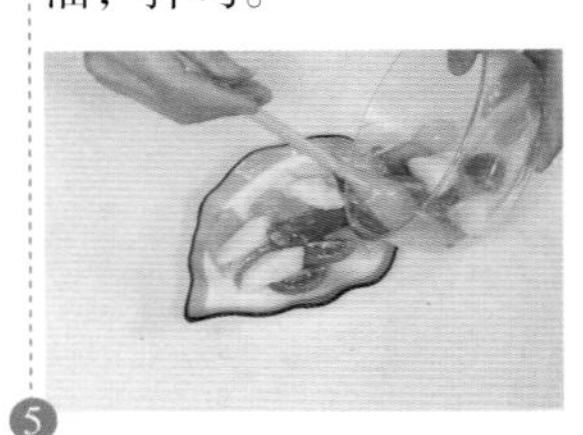

5. 盛入盘中，挤上少许沙拉酱即可。

Part 5

营养美味很周到，女性美容养颜餐

女性要吃对身体需要的食物，才能青春美颜体态好，一般的饮食习惯都强调，我们应追求均衡饮食，才不会缺乏任何一种营养素，影响身体机能的运作。然而，每个人的体质有所差异，所需要的营养也不尽相同，不是偏好特定喜爱的食物，而是去主动了解自己身体适合、需要的好食物，以及不适合自己身体的食物与不应该吃的坏食物，并学习懂得拿捏摄取的平衡，才是让身体得到最好调补的饮食概念。

小白菜炒黄豆芽

◉难易度：★★☆　◉营养功效：养胃生津

原料

小白菜120克，黄豆芽70克，红椒25克，蒜末、葱段各少许

调料

盐、鸡粉各2克，水淀粉、食用油各适量

烹饪小提示

小白菜和黄豆芽不宜炒得过于熟软，以免营养流失，口感不佳。

做法

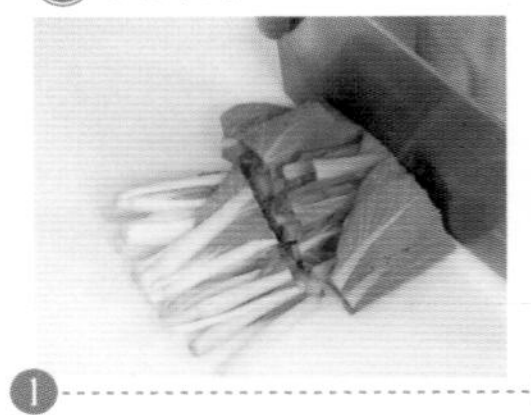

1. 将洗净的小白菜切段，洗好的红椒去籽、切丝。

2. 用油起锅，放入蒜末，倒入黄豆芽，拌炒匀。

3. 放入小白菜、红椒，炒至熟软。

4. 加入盐、鸡粉、葱段、水淀粉，炒匀，盛出，装盘即可。

猕猴桃炒虾球

◉难易度：★★★ ◉营养功效：养颜瘦身

原料

猕猴桃60克，鸡蛋1个，胡萝卜70克，虾仁75克

调料

盐4克，水淀粉、食用油各适量

做法

1.将去皮洗净的猕猴桃切小块，洗好的胡萝卜切丁，虾仁去除虾线。2.虾仁中加盐、水淀粉，腌渍入味，将鸡蛋打入碗中，加盐、水淀粉，调匀。3.胡萝卜焯水断生，捞出，虾仁油炸至转色，捞出，锅底留油，倒入蛋液，炒熟，盛出。4.用油起锅，倒入胡萝卜、虾仁，炒匀，倒入炒好的鸡蛋，加入盐，放入猕猴桃，倒入水淀粉，炒至入味，盛出装盘即可。

胡萝卜豌豆炒鸭丁

◉难易度：★★★ ◉营养功效：清热解毒

原料

鸭肉300克，豌豆120克，胡萝卜60克，圆椒、彩椒、姜片、葱段、蒜末各少许

调料

盐3克，生抽4毫升，料酒8毫升，水淀粉6毫升，白糖3克，胡椒粉2克，鸡粉2克，食用油适量

做法

1.胡萝卜切丁，圆椒、彩椒去籽、切丁，鸭肉切丁。2.鸭肉丁中加调料腌渍入味。3.胡萝卜、豌豆、彩椒、圆椒焯水后捞出，沥干。4.用油起锅，倒入姜片、葱段，放入鸭肉，炒至变色，倒入蒜末，淋入料酒，倒入食材，加盐、白糖、鸡粉、胡椒粉、水淀粉，炒至食材入味，盛出，装入盘中即可。

松仁炒羊肉

◉难易度：★☆☆ ◉营养功效：补血补气

原 料

羊肉400克，彩椒60克，豌豆80克，松仁50克，胡萝卜片、姜片、葱段各少许

调 料

盐、鸡粉各4克，食粉1克，生抽5毫升，料酒10毫升，水淀粉13毫升，食用油适量

烹饪小提示

羊肉滑油时要注意火候与时间，时间太长会影响口感。

做 法

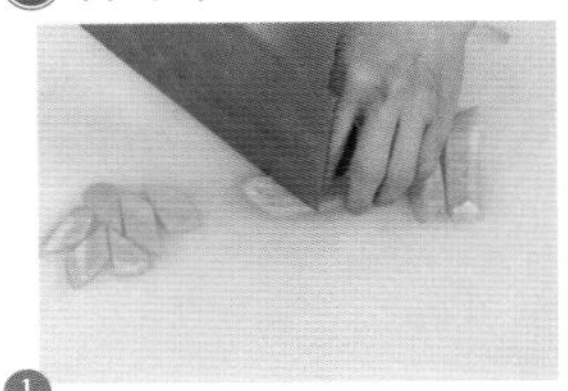

1. 洗净的彩椒切小块，洗好的羊肉切片。

2. 羊肉片中加食粉、盐、鸡粉、生抽、水淀粉，拌匀，腌渍入味。

3. 豌豆、彩椒、胡萝卜片焯煮断生，捞出沥干。

4. 松仁炸出香味，捞出，羊肉滑油至变色，捞出。

5. 起油锅，放姜片、葱段，倒入焯过水的食材，炒匀，放羊肉、料酒、鸡粉、盐、水淀粉，炒入味即可。

核桃枸杞肉丁

◉难易度：★☆☆ ◉营养功效：延缓衰老

原 料

核桃仁40克，瘦肉120克，枸杞5克，姜片、蒜末、葱段各少许

调 料

盐、鸡粉各少许，食粉2克，料酒4毫升，水淀粉、食用油各适量

烹饪小提示

炸核桃时要把握好时间和火候，以免把核桃炸焦。

做 法

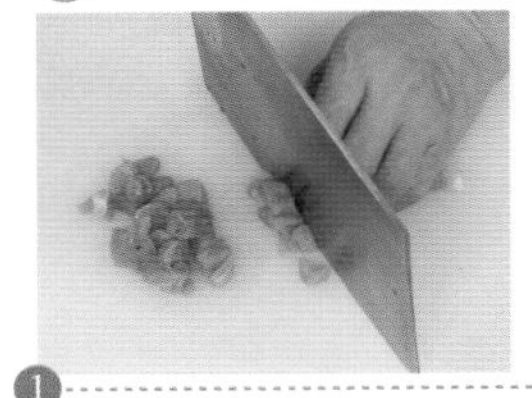

1 将洗净的瘦肉切丁。

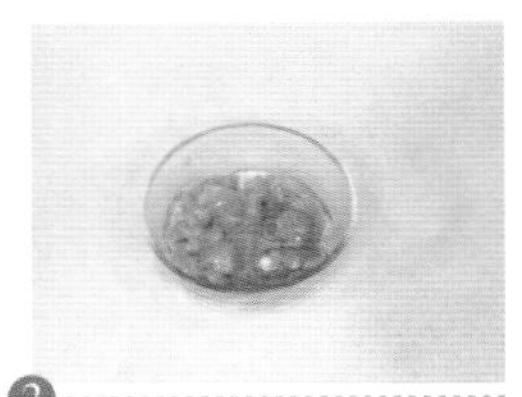

2 肉丁中放盐、鸡粉、水淀粉、食用油，腌渍入味。

3 核桃仁焯水后捞出，过凉水，去除外衣，核桃仁油炸后捞出。

4 锅留底油，放姜片、蒜末、葱段、瘦肉丁，炒变色，加调料、核桃仁，炒匀即可。

木耳烩豆腐

◉难易度：★★☆　◉营养功效：美白养颜

烹饪时间 Time 4分钟

原 料

豆腐200克，木耳50克，蒜末、葱花各少许

调 料

盐3克，鸡粉2克，生抽、老抽、料酒、水淀粉、食用油各适量

做 法

1.把洗好的豆腐切小方块，洗净的木耳切小块。2.锅中注水烧开，加入盐、豆腐块，煮1分钟，捞出，把木耳倒入沸水锅中，煮半分钟，捞出。3.起油锅，放入蒜末、木耳，炒匀，淋入料酒、清水、生抽，加盐、鸡粉，淋入老抽，煮沸，放入豆腐，煮熟，倒入水淀粉勾芡，盛出，装碗中，撒入葱花即可。

茶树菇炒鳝丝

◉难易度：★★☆　◉营养功效：补中益气

烹饪时间 Time 6分钟

原 料

鳝鱼200克，青椒、红椒各10克，茶树菇适量，姜片少许

调 料

盐2克，鸡粉2克，生抽、料酒各5毫升，水淀粉、食用油各适量

做 法

1.洗净的红椒、青椒去籽、切条，处理好的鳝鱼肉切条。2.用油起锅，放入鳝鱼、姜片、葱花，炒匀，淋入料酒，倒入青椒、红椒，放入洗净切好的茶树菇，炒约2分钟。3.放入盐、生抽、鸡粉、料酒，炒匀，倒入水淀粉勾芡，盛出炒好的菜肴，装入盘中即可。

烹饪时间 Time 2分钟

双椒芦笋炒牛肉

◉难易度：★★★　◉营养功效：益气补血

原 料

牛肉200克，芦笋80克，彩椒85克，姜片、蒜末、葱段各少许

调 料

生抽7毫升，盐3克，鸡粉3克，食粉2克，生粉4克，料酒10毫升，蚝油10克，食用油适量

做 法

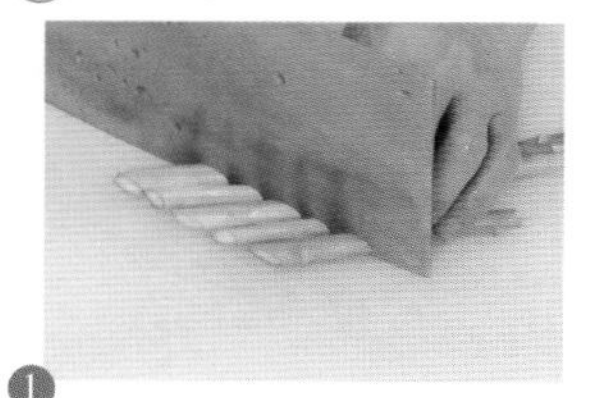

1. 洗净的芦笋切段；洗好的彩椒切小块。

2. 牛肉切粒，加生抽、盐、鸡粉、食粉、生粉、食用油，腌渍入味。

3. 彩椒、芦笋焯水断生，捞出，沥干；牛肉粒汆至变色，捞出，沥干。

4. 油爆姜、蒜、葱，倒入牛肉粒，淋入料酒，加彩椒和芦笋，炒匀。

5. 放入蚝油、盐、鸡粉、生抽、水淀粉，炒匀即可。

烹饪小提示

牛肉切片后可以用刀背敲几下再切丁，这样成品口感更佳。

红烧紫菜豆腐

◉难易度：★★☆ ◉营养功效：排毒瘦身

烹饪时间 Time 2分钟

原 料

水发紫菜70克，豆腐200克，葱花少许

调 料

盐、白糖各3克，生抽4毫升，水淀粉5毫升，芝麻油2毫升，老抽、鸡粉、食用油各适量

做 法

1.洗净的豆腐切厚片，切成小块。2.锅中注入清水烧开，放入盐、食用油，倒入豆腐块，拌匀，煮1分钟，捞出，沥干水分。3.用油起锅，倒入豆腐块，加入清水，放入洗好的紫菜，放入盐、鸡粉、生抽、老抽，加入白糖，炒匀，倒入水淀粉勾芡，淋入芝麻油，炒匀，盛出炒好的食材，装入盘中，撒上葱花即可。

烹饪时间 Time 2分钟

菠菜炒鸡蛋

◉难易度：★★☆ ◉营养功效：补血养血

原 料

菠菜65克，鸡蛋2个，彩椒10克

调 料

盐2克，鸡粉2克，食用油适量

做 法

1.洗净的彩椒切开、去籽、切条形、再切成丁，洗好的菠菜切成粒。2.鸡蛋打入碗中，加入盐、鸡粉，搅匀打散，制成蛋液。3.用油起锅，倒入蛋液，翻炒均匀，加入彩椒，炒匀，倒入菠菜粒，炒至食材熟软，盛出炒好的菜肴，装入盘中即可。

荷兰豆炒香菇

◉难易度：★★☆ ◉营养功效：增强免疫

原 料

荷兰豆120克，鲜香菇60克，葱段少许

调 料

盐3克，鸡粉2克，料酒5毫升，蚝油5克，水淀粉4毫升，食用油适量

做 法

1.洗净的荷兰豆切去头尾，洗好的香菇切粗丝。2.锅中注水烧开，加入盐、食用油、鸡粉，倒入香菇丝，略煮片刻，倒入荷兰豆，拌匀，煮断生，捞出，沥干水分。3.用油起锅，倒入葱段，放入荷兰豆、香菇，淋入料酒，倒入蚝油，炒匀，放入鸡粉、盐，倒入水淀粉，炒匀，把炒好的食材盛入盘中即可。

莲藕炒秋葵

◉难易度：★★☆ ◉营养功效：清热解毒

原 料

去皮莲藕250克，去皮胡萝卜150克，秋葵50克，红彩椒10克

调 料

盐2克，鸡粉1克，食用油5毫升

做 法

1.洗净的胡萝卜切片，洗好的莲藕切片，洗净的红彩椒切片，洗好的秋葵斜刀切片。2.锅中注水烧开，加入油、盐，倒入胡萝卜、莲藕，放入红彩椒、秋葵，拌匀，煮约2分钟至食材断生，捞出，沥干水。3.用油起锅，倒入食材，加入盐、鸡粉，炒匀入味，盛出炒好的菜肴，装盘即可。

芦笋炒猪肝

◉难易度：★★☆　◉营养功效：益气补血

原料

猪肝350克，芦笋120克，红椒20克，姜丝少许

调料

盐2克，鸡粉2克，生抽4毫升，料酒4毫升，水淀粉、食用油各适量

烹饪小提示

猪肝可先用水泡半小时，这样炒熟后就不会发黑。

做法

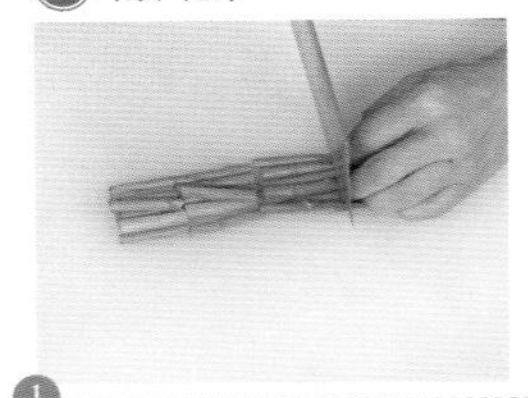

1. 洗净的芦笋切长段，洗好的红椒切块，处理干净的猪肝切片。

2. 猪肝片中加盐、料酒、水淀粉、食用油，腌渍入味。

3. 芦笋、红椒块焯水后捞出，沥干，起油锅，倒入猪肝，拌匀，捞出，沥干油。

4. 油锅中倒入姜丝、食材炒匀，倒入猪肝、盐、生抽、鸡粉、水淀粉，炒入味即可。

烹饪时间 Time 2分钟

韭菜炒猪血

◉难易度：★★☆ ◉营养功效：养血补肾

原 料

韭菜150克，猪血200克，彩椒70克，姜片、蒜末各少许

调 料

盐4克，鸡粉2克，沙茶酱15克，水淀粉8毫升，食用油适量

做 法

1.洗净的韭菜切段，洗好的彩椒切粒，洗净的猪血切小块。2.锅中注水烧开，放入盐，倒入猪血块，煮1分钟，捞出，沥干水分。3.用油起锅，放入姜片、蒜末，加入彩椒，放入韭菜段，炒片刻，加入沙茶酱，倒入猪血，加入清水，炒匀，放入盐、鸡粉，淋入水淀粉，炒匀，盛出炒好的食材，装入盘中即可。

豌豆炒牛肉粒

◉难易度：★★☆ ◉营养功效：开胃消食

原 料

牛肉260克，彩椒20克，豌豆300克，姜片少许

调 料

盐2克，鸡粉2克，料酒3毫升，食粉2克，水淀粉10毫升，食用油适量

做 法

1.洗净的彩椒切丁，洗好的牛肉切粒。2.牛肉粒中加盐、料酒、食粉、水淀粉、食用油，腌渍入味。3.豌豆、彩椒焯煮断生后捞出，沥干，热锅注油，倒入牛肉，拌匀，捞出，沥干油。4.用油起锅，放入姜片，倒入牛肉，淋入料酒，倒入食材，加入盐、鸡粉、料酒、水淀粉，炒匀，盛出炒好的菜肴即可。

烹饪时间 Time 17分钟

烹饪时间 Time 4分钟

芦笋腰果炒墨鱼

◉难易度：★★★ ◉营养功效：补肾养颜

原料

芦笋80克，腰果30克，墨鱼100克，彩椒50克，姜片、蒜末、葱段各少许

调料

盐4克，鸡粉3克，料酒8毫升，水淀粉6毫升，食用油适量

烹饪小提示

芦笋不宜翻炒过久，以免炒得过老，影响成品外观。

做法

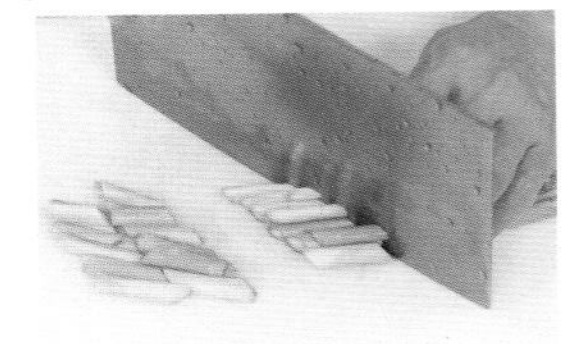

1. 洗净去皮的芦笋切段；洗好的彩椒切小块。

2. 处理干净的墨鱼切片，加盐、鸡粉、料酒、水淀粉，腌渍入味。

3. 腰果焯水后捞出，彩椒、芦笋焯水后捞出，墨鱼汆烫片刻，捞出。

4. 油炸腰果至微黄色，油锅爆姜、蒜末、葱，倒入墨鱼，淋入料酒，放入彩椒和芦笋，炒匀。

5. 加鸡粉、盐、水淀粉，翻炒匀，盛出，装盘，撒上腰果即可。

烹饪时间 Time 2分钟

马蹄炒荷兰豆

◉难易度：★★☆ ◉营养功效：益气补血

原料

马蹄肉90克，荷兰豆75克，红椒15克，姜片、蒜末、葱段各少许

调料

盐3克，鸡粉2克，料酒4毫升，水淀粉、食用油各适量

做法

1.将马蹄肉切片，洗好的红椒去籽，切小块。2.锅中注入清水烧开，放入食用油、盐，倒入择好洗净的荷兰豆，煮半分钟，放入马蹄肉、红椒，搅匀，煮半分钟，捞出。3.用油起锅，放入姜片、蒜末、葱段，倒入食材，炒匀，淋入料酒，加入盐、鸡粉，炒匀，倒入水淀粉，炒匀，将炒好的材料盛出，装入盘中即可。

韭菜炒牛肉

原料

牛肉200克，韭菜120克，彩椒35克，姜片、蒜末各少许

调料

盐3克，鸡粉2克，料酒4毫升，生抽5毫升，水淀粉、食用油各适量

做法

1.将洗净的韭菜切段，洗好的彩椒切粗丝，洗净的牛肉切丝。2.把肉丝装入碗中，放入料酒、盐、生抽，倒入水淀粉，拌匀，淋入食用油，腌渍入味。3.用油起锅，倒入肉丝，放入姜片、蒜末，倒入韭菜、彩椒，炒至食材熟软，加入盐、鸡粉，淋入生抽，炒匀，盛出炒好的菜肴，装入盘中即成。

烹饪时间 Time 12分钟

彩椒炒猪腰

◉难易度：★★☆　◉营养功效：健胃消食

原 料

猪腰150克，彩椒110克，姜末、蒜末、葱段各少许

调 料

盐5克，鸡粉3克，料酒15毫升，生粉10克，水淀粉5毫升，蚝油8克，食用油适量

烹饪小提示

氽煮好的猪腰可以在用清水清洗一下，这样能更好地去除猪腰的异味。

做 法

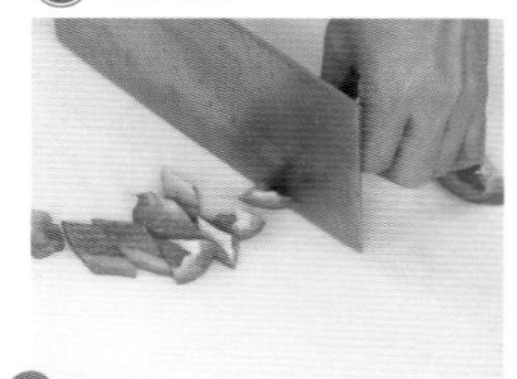

1. 洗净的彩椒去籽，切小块，洗好的猪腰切除筋膜，切片。

2. 猪腰中加盐、鸡粉、料酒、生粉，拌匀，腌渍入味。

3. 彩椒焯水断生后捞出，猪腰氽水至变色，捞出，沥干。

4. 起油锅，放姜、蒜、葱、猪腰，炒匀，加彩椒、调料炒入味即可。

红薯板栗红烧肉

◉难易度：★★☆ ◉营养功效：温中益气

原料

鳕鱼肉150克，水发香菇55克，彩椒10克，姜丝、葱丝各少许

调料

盐、鸡粉各2克，料酒4毫升

做法

1.将洗净的香菇用斜刀切片，彩椒切粒。2.把香菇片装入盘中，加入少许盐、鸡粉、料酒，放入姜丝、彩椒粒，拌匀，调成酱菜，待用。3.取一个蒸盘，放入洗净的鳕鱼肉，再倒入酱菜，堆放好，放入烧开的蒸锅中，用中火蒸约10分钟，至食材熟软。4.关火后揭盖，取出蒸好的菜肴，趁热撒上葱丝即可。

杏仁苦瓜

◉难易度：★★☆ ◉营养功效：清热解毒

原料

苦瓜180克，杏仁20克，枸杞10克，蒜末少许

调料

盐2克，鸡粉、食粉、水淀粉、食用油各适量

做法

1.将洗净的苦瓜去籽，切成片。2.锅中倒入清水烧开，放入杏仁，略煮片刻，捞出，沥干，将枸杞放入沸水锅中，焯煮片刻，捞出，锅中加入食粉，倒入苦瓜，煮至其八成熟，捞出，沥干。3.另起锅，倒入蒜末、苦瓜，炒匀，加入鸡粉、盐、水淀粉，炒匀，盛出，装入盘中，再放上杏仁、枸杞即成。

烹饪时间
Time
6分钟

蒸芹菜叶

◉难易度：★★☆ ◉营养功效：益气健脾

原 料

芹菜叶45克，面粉10克，姜末、蒜末各少许

调 料

鸡粉少许，白糖2克，生抽4毫升，陈醋8毫升，芝麻油适量

烹饪小提示

拌芹菜叶时，加入的面粉不宜太多，以免影响成品口感。

做 法

1. 取一个小碗，倒入蒜末、姜末，加入少许生抽、鸡粉、芝麻油。

2. 淋入陈醋，撒上白糖，搅拌至糖分溶化。

3. 另取一个味碟，倒入调好的材料，即成味汁。

4. 将洗净的芹菜叶装入蒸盘中，撒上少许面粉，拌匀。

5. 蒸至菜叶变软，取出，待芹菜稍冷后切小段，取盘子，放入芹菜叶，食用时佐以味汁即可。

清蒸香菇鳕鱼

◉难易度：★★☆ ◉营养功效：补中益气

原料

鳕鱼肉150克，水发香菇55克，彩椒10克，姜丝、葱丝各少许

调料

盐、鸡粉各2克，料酒4毫升

做法

1.将洗净的香菇用斜刀切片，彩椒切粒。2.香菇加盐、鸡粉、料酒、姜丝、彩椒粒，拌匀，调成酱菜，待用。3.取一个蒸盘，放入洗净的鳕鱼肉，再倒入酱菜，堆放好，放入烧开的蒸锅中，用中火蒸约10分钟，至食材熟软。4.关火后揭盖，取出蒸好的菜肴，趁热撒上葱丝即可。

肉末蒸丝瓜

◉难易度：★★☆ ◉营养功效：开胃消食

原料

肉末80克，丝瓜150克，葱花少许

调料

盐、鸡粉、老抽各少许，生抽、料酒各2毫升，水淀粉、食用油各适量

做法

1.将洗净去皮的丝瓜切成棋子状的小段。2.用油起锅，倒入肉末，炒变色，淋入料酒、生抽、老抽，炒匀，加入鸡粉、盐，倒入水淀粉，炒匀，制成酱料，盛出。3.取蒸盘，摆放好丝瓜段，放上酱料，铺匀，蒸锅上火烧开，放入装有丝瓜段的蒸盘，蒸至食材熟透，取出，趁热撒上葱花，浇上热油即成。

萝卜炖鱼块

◉难易度：★★☆　◉营养功效：补中益气

原 料

白萝卜100克，草鱼肉120克，鲜香菇35克，姜片、葱末、香菜末各少许

调 料

盐、鸡粉各2克，胡椒粉少许，花椒油、食用油各适量

烹饪小提示

下入萝卜片后，不可注入凉水，以免鱼肉中的蛋白质凝固，破坏其营养价值。

做 法

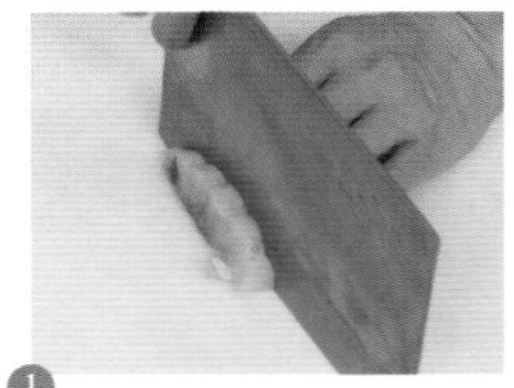

1. 洗净的香菇切丝，去皮洗净的白萝卜切片，洗净的草鱼肉切块。

2. 煎锅中注油烧热，放姜片、鱼块，煎至两面呈焦黄色。

3. 倒入香菇丝、萝卜片，炒匀，注入开水，加盐、鸡粉、胡椒粉，煮熟，盛出装碗。

4. 撒上香菜末、葱末，锅置火上，倒入花椒油烧热，浇在汤碗中即成。

红腰豆炖猪骨

◉难易度：★★☆ ◉营养功效：益气补血

原 料

红腰豆150克，猪骨250克，姜片少许

调 料

盐2克，料酒适量

做 法

1.锅中注入适量清水烧开，倒入猪骨，淋入料酒，汆煮片刻，关火，将汆煮好的猪骨捞出，装盘备用。2.砂锅中注入适量清水烧开，倒入猪骨，拌匀，加入姜片、红腰豆，淋入料酒，拌匀。3.小火炖1小时至熟，放入盐，拌匀，将炖好的猪骨盛出装入碗中即可。

党参薏仁炖猪蹄

◉难易度：★★☆ ◉营养功效：益气活血

原 料

猪蹄块350克，薏米50克，党参、姜片各少许

调 料

盐、鸡粉各2克，料酒少许

做 法

1.锅中注入适量清水烧开，倒入洗净的猪蹄块，淋入料酒，拌匀，煮沸，汆去血水，捞出。2.砂锅中注入适量清水烧开，倒入党参、薏米、姜片，放入猪蹄，淋入料酒，炖约1小时至食材熟透。3.加入盐、鸡粉，拌匀，盛出炖煮好的汤料即可。

烹饪时间 Time 31分钟

薏米炖冬瓜

◉难易度：★★☆ ◉营养功效：排毒养颜

原 料

冬瓜230克，薏米60克，姜片、葱段各少许

调 料

盐2克，鸡粉2克

烹饪小提示

薏米可用水泡发后再煮，这样能节省烹饪时间。

做 法

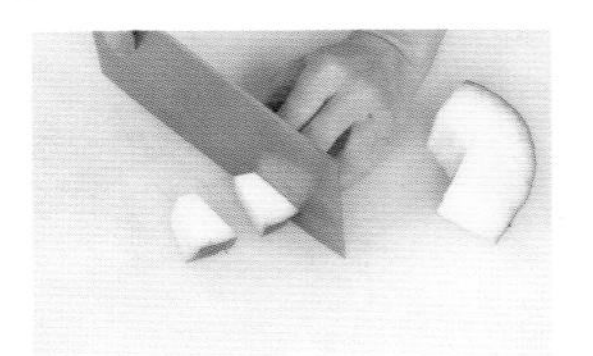

1 洗好的冬瓜去瓤，再切小块，备用。

2 砂锅中注入适量清水烧热。

3 倒入备好的冬瓜、薏米，撒上姜片、葱段。

4 盖上盖，烧开后用小火煮约30分钟至熟。

5 揭盖，加入少许盐、鸡粉，拌匀调味，盛出煮好的菜肴即可。

枸杞黑豆炖羊肉

◉难易度：★★☆ ◉营养功效：美容养颜

原 料

羊肉400克，水发黑豆100克，枸杞10克，姜片15克

调 料

料酒18毫升，盐2克，鸡粉2克

做 法

1.锅中注入适量清水烧开，倒入羊肉，搅散开，淋入适量料酒，煮沸，汆去血水，捞出，沥干水分。2.砂锅中注入清水烧开，倒入洗净的黑豆，放入羊肉，加入姜片、枸杞，淋入料酒，拌匀。3.炖1小时，至食材熟透，放入盐、鸡粉，拌匀，盛出炖好的汤料，装入汤碗中即可。

益母草炖蛋

◉难易度：★☆☆ ◉营养功效：活血养血

原 料

鸡蛋2个，益母草20克，红枣15克

调 料

红糖35克

做 法

1.取一个纱袋，放入益母草，系紧袋口，制成药袋。2.砂锅中注入适量清水烧热，放入药袋，倒入红枣，搅拌片刻，烧开后用小火煮约20分钟至药材析出有效成分。3.拣出药袋，打入鸡蛋，煮熟，加入红糖，搅匀，煮至溶化，盛出炖煮好的鸡蛋即可。

红花当归炖鱿鱼

◉难易度：★★☆　◉营养功效：补血活血

原 料

鱿鱼干200克，红花6克，当归8克，姜片20克，葱条少许

调 料

料酒10毫升，盐2克，鸡粉2克，胡椒粉适量

烹饪小提示

鱿鱼干炖煮前可以先用水泡发，这样可以缩短烹制时间。

做 法

1. 锅中注水烧开，倒入鱿鱼干，氽去杂质，捞出，沥干水分。

2. 锅中注入清水烧开，淋入料酒，加入少许盐、鸡粉、胡椒粉。

3. 放入红花、当归、姜片、葱条、鱿鱼干，煮沸，盛出。

4. 将碗放入烧开的蒸锅中，炖熟，取出，捞出葱条即可。

当归白术炖鸡块

◉难易度：★★☆ ◉营养功效：补气益血

原 料

鸡肉块400克，当归、白术各15克，熟地黄12克，党参10克，花椒、葱条、姜片各少许

调 料

盐3克，鸡粉少许，料酒7毫升，鸡汁适量

做 法

1.锅中注入清水烧开，倒入洗净的鸡肉块，拌匀，煮沸，汆去血渍，捞出，沥干水分。2.砂锅中注入清水烧热，倒入姜片，加入洗净的花椒、当归、白术、熟地黄、党参，放入葱条，倒入鸡块，淋入料酒，加入鸡汁。3.煮约60分钟，至食材熟透，加入盐、鸡粉，拌匀，续煮片刻，盛出煮好的汤料，装入汤碗中即可。

清炖鲢鱼

◉难易度：★★☆ ◉营养功效：补中益气

原 料

鲢鱼肉320克，姜片、葱段、葱花各适量

调 料

盐2克，料酒4毫升，食用油适量

做 法

1.处理干净的鲢鱼肉切成块状。2.将鱼块装入碗中，加入盐、料酒，搅拌片刻，腌渍入味。3.锅置火上，倒入食用油，放入鱼块，煎至两面断生，放入姜片、葱段，注入清水，炖约10分钟，加入盐，搅匀，盛出炖好的鱼块，装入盘中，撒上葱花即可。

烹饪时间 Time 1分钟

草莓苹果沙拉

◉难易度：★★☆　◉营养功效：美容养颜

原 料

草莓90克，苹果90克

调 料

沙拉酱10克

烹饪小提示

草莓先用温水浸泡片刻再冲洗，能更好地清除表面的杂质。

做 法

1 洗好的草莓去蒂，切成小块。

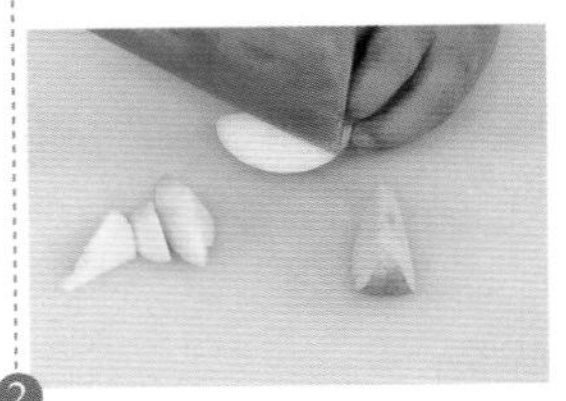

2 洗净的苹果去核，切成瓣，再切成小块，备用。

3 把切好的食材装入碗中。

4 加入适量沙拉酱。

5 搅拌一会儿，至其入味，将拌好的水果沙拉盛出，装入盘中即可。

甜橙果蔬沙拉

◉难易度：★★☆ ◉营养功效：清热解毒

原料

橙子150克，黄瓜80克，圣女果40克，紫甘蓝35克，生菜叶60克

调料

橄榄油、芝麻油各适量

做法

1.洗净的生菜切去根部，切丝，洗好的紫甘蓝切丝，洗净的圣女果去除果蒂，对半切开，将洗好的黄瓜切块，把洗净的橙子切小瓣，去除果皮，切片。2.取一碗，倒入橙子、黄瓜、紫甘蓝，放入生菜叶，加入圣女果，拌匀。3.倒入橄榄油，放入苹果，淋入芝麻油，拌匀，另取一盘，盛入拌好的果蔬沙拉即可。

番石榴水果沙拉

◉难易度：★☆☆ ◉营养功效：清热解毒

原料

番石榴120克，柚子肉100克，圣女果100克，牛奶30毫升

调料

沙拉酱10克

做法

1.将洗净的圣女果切小块，去皮剥下的柚子肉切小块，洗好的番石榴切瓣，改切小块。2.把切好的水果装入碗中，倒入适量牛奶，加入沙拉酱，用筷子搅拌均匀。3.把拌好的水果沙拉盛出，装入盘中即可。

橙香蓝莓沙拉

◉难易度：★☆☆　◉营养功效：增强记忆

原料

橙子60克，蓝莓50克，葡萄50克，酸奶50克，橘子50克

烹饪小提示

可以根据自己的喜好，加入其他调味品，如白糖或蜂蜜。

做法

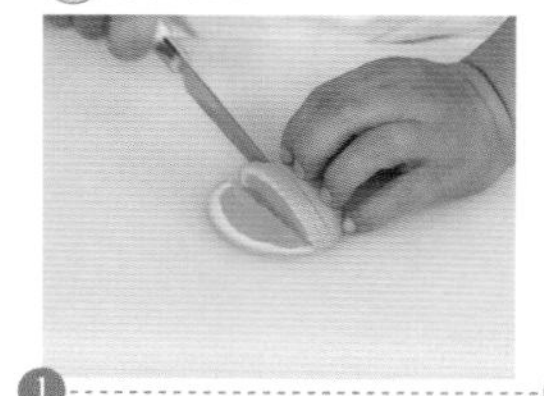

1. 洗净的橙子切片，洗好的橘子对半切开。

2. 洗净的葡萄对半切开。

3. 取一碗，放入橘子、葡萄、蓝莓，拌匀。

4. 取一盘，摆上橙子片，倒入拌好的水果，浇上酸奶即可。

银芽土豆沙拉

◉难易度：★☆☆ ◉营养功效：清热解毒

原料

去皮土豆60克，韭菜40克，绿豆芽50克，酸奶15毫升，蛋黄酱少许

做法

1.洗净的土豆切片，改切成条，洗好的绿豆芽切段，洗净的韭菜切小段。2.锅中注入适量清水烧开，倒入土豆、绿豆芽、韭菜，焯煮片刻，关火，将焯煮好的菜捞出，放入凉水中，冷却后捞出，沥干水分，装入碗中。3.倒入盘子中，浇上酸奶，挤上蛋黄酱即可。

橄榄油拌果蔬沙拉

◉难易度：★★☆ ◉营养功效：延缓衰老

原料

紫甘蓝100克，黄瓜100克，西红柿95克，玉米粒90克

调料

盐2克，沙拉酱、橄榄油各适量

做法

1.将洗净的黄瓜切片，洗好的紫甘蓝切小块，洗净的西红柿切片。2.锅中注水烧开，倒入洗净的玉米粒，煮约1分钟，放入紫甘蓝，煮约半分钟，捞出，沥干水分。3.把食材装入碗中，倒入黄瓜、西红柿，淋上橄榄油，加入盐，倒入沙拉酱，拌一会儿，至食材入味，取盘子，盛入拌好的食材，摆好盘即成。

烹饪时间 Time 36分钟

银耳山药甜汤

◉难易度：★★☆ ◉营养功效：美容养颜

原 料

水发银耳160克，山药180克

调 料

白糖、水淀粉各适量

做 法

1. 将去皮洗净的山药切小块，洗净的银耳去除根部，切小朵。

2. 砂锅中注入清水烧热，倒入山药、银耳，拌匀。

3. 用小火煮约35分钟，至食材熟软。

4. 加入白糖，拌匀，略煮。

5. 倒入水淀粉，煮至汤汁浓稠，盛出煮好的山药甜汤即可。

烹饪小提示

银耳可事先加食粉焯煮一下，这样煮好的甜汤口感更爽滑。

红薯芡实鸡爪汤

◉难易度：★★☆　◉营养功效：增强免疫

原 料

鸡爪260克，红薯180克，胡萝卜100克，水发花生米35克，红枣、芡实各少许

调 料

盐2克

做 法

1.洗净去皮的红薯切滚刀块，洗好的胡萝卜切滚刀块，处理干净的鸡爪切去爪尖，对半切开。2.锅中注水烧开，倒入鸡爪，汆去杂质，捞出，沥干。3.砂锅中注水烧热，倒入鸡爪，放入花生米、红枣、芡实，煮约20分钟，倒入红薯、胡萝卜，煮熟，撇去浮沫，加入盐，拌匀，盛出煮好的鸡爪汤即可。

苋菜银鱼汤

◉难易度：★☆☆　◉营养功效：清热解毒

原 料

苋菜150克，水发银鱼30克，姜片少许

调 料

盐少许，鸡粉2克，料酒、食用油各适量

做 法

1.将洗净的苋菜切成段。2.用油起锅，放入姜片，爆香，倒入泡好的银鱼，炒匀，淋入料酒，炒香，放入切好的苋菜，翻炒均匀，倒入适量清水，煮约2分钟至熟。3.加入适量盐、鸡粉，用锅勺搅匀调味，把煮好的汤料盛出，装入碗中即成。

萝卜干蜜枣猪蹄汤

◉难易度：★★☆　◉营养功效：益气活血

原料

猪蹄块300克，萝卜干55克，蜜枣35克，姜片、葱段各少许

调料

盐、鸡粉各少许，料酒7毫升

烹饪小提示

猪蹄汆煮后最好用清水清洗一下，这样会减轻汤汁的浮油。

做法

1. 锅中注水烧开，放入猪蹄块，淋入料酒，汆煮一会，捞出，沥干。

2. 砂锅中注入清水烧热，倒入猪蹄块，撒上姜片、葱段。

3. 放入洗净的蜜枣、萝卜干，淋入料酒，煮至食材熟透。

4. 加盐、鸡粉，煮至汤汁入味，盛出，装在汤碗中即成。

瘦肉莲子汤

◉难易度：★★☆　◉营养功效：补气养血

原 料

猪瘦肉200克，莲子40克，胡萝卜50克，党参15克

调 料

盐2克，鸡粉2克，胡椒粉适量

做 法

1.洗净去皮的胡萝卜切小块，洗好的猪瘦肉切片。2.砂锅中注入适量清水烧开，放入备好的莲子、党参，倒入胡萝卜、瘦肉，拌匀，煮30分钟至其熟软。3.放入盐、鸡粉、胡椒粉，拌均匀至食材入味，盛出煮好的汤料，装入碗中即可。

红枣猪肝冬菇汤

◉难易度：★★☆　◉营养功效：补血益气

原 料

猪肝200克，水发香菇60克，红枣20克，枸杞8克，姜片少许

调 料

鸡汁8毫升，盐2克

做 法

1.洗好的香菇切成小块，处理好的猪肝切成片。2.锅中注水烧开，倒入猪肝，汆去血水，捞出，沥干。3.锅中注水烧开，放入香菇块，加入洗净的红枣、枸杞，撒入姜片，淋入鸡汁，放入盐，拌匀，将汤汁盛出，装入盛有猪肝的碗中，转入烧开的蒸锅中，蒸1小时，至食材熟透，取出蒸好的猪肝即可。

猪皮花生眉豆汤

◉难易度：★★☆　◉营养功效：滋阴健脾

原 料

猪皮200克，姜片少许，水发眉豆60克，水发花生米50克

调 料

料酒4毫升，盐2克，鸡粉2克

烹饪小提示

花生一般煮熟或油炸食用。花生的红衣营养很丰富，可不用去除。

做 法

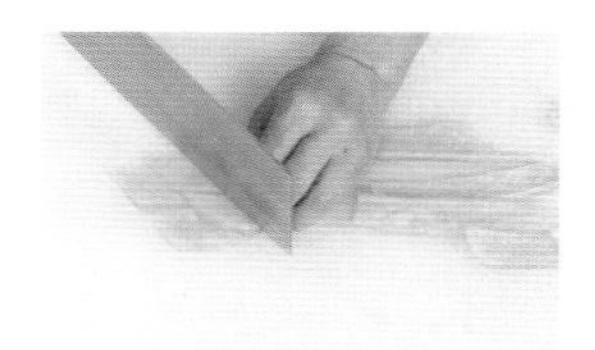

1. 洗好的猪皮去除油脂，再切条形，改切成块。

2. 洗好的猪皮去除油脂，再切条形，改切成块。

3. 倒入眉豆、花生，撒上姜片，淋入料酒。

4. 煮约2小时至食材熟透。

5. 加入盐、鸡粉，拌匀，盛出煮好的汤料即可。

山药红枣鸡汤

◉难易度：★★☆ ◉营养功效：益气补血

原 料

鸡肉400克，山药230克，红枣、枸杞、姜片各少许

调 料

盐3克，鸡粉2克，料酒4毫升

做 法

1.洗净去皮的山药切滚刀块，洗好的鸡肉切块。2.锅中注入清水烧开，倒入鸡肉块，拌匀，淋入料酒，煮约2分钟，撇去浮沫，捞出，沥干水分。3.砂锅中注入清水烧开，倒入鸡肉块，放入红枣、姜片、枸杞，淋入料酒，煮约40分钟至食材熟透，加入盐、鸡粉，拌匀，盛出煮好的汤料，装入碗中即可。

姬松茸山药排骨汤

◉难易度：★★☆ ◉营养功效：排毒养颜

原 料

排骨段300克，水发姬松茸60克，山药150克，姜片、葱段各少许

调 料

盐2克，鸡粉2克，料酒10毫升，胡椒粉适量

做 法

1.洗净去皮的山药切块。2.锅中注烧开，倒入排骨段，淋入料酒，煮至变色，捞出沥干。3.砂锅中注水烧开，放姜片、姬松茸、排骨，淋入料酒，加入山药块搅匀，盖上盖，煮沸后用小火煮1小时。4.揭开盖，撇去浮沫，加盐、鸡粉、胡椒粉，搅匀调味，盛出撒上葱花即可。

桂圆阿胶红枣粥

◉难易度：★★☆ ◉营养功效：养气补血

原料

水发大米180克，桂圆肉30克，红枣35克，阿胶15克

调料

白糖30克，白酒少许

烹饪小提示

可将红枣去核后再煮，这样食用时更方便。

做法

1. 砂锅中注入适量清水烧开，倒入洗净的大米，拌匀。

2. 加入红枣、桂圆，煮30分钟至其熟软。

3. 加入阿胶，倒入白酒，拌匀，续煮10分钟。

4. 加入白糖，拌匀，煮至溶化，盛出煮好的粥，装入碗中即可。

芡实花生红枣粥

◉难易度：★★☆ ◉营养功效：益气补血

原料

水发大米150克，水发芡实85克，水发花生米65克，红枣15克，红糖25克

做法

1.洗净的红枣切开，去核，备用。2.砂锅中注入清水烧开，倒入备好的芡实，再加入红枣、花生，搅拌片刻，用中火煮约15分钟至其变软。3.倒入备好的大米，用小火续煮约30分钟至其熟软，加入适量红糖，搅拌至溶化，将煮好的粥盛出，装入碗中即可。

椰汁黑米红豆粥

◉难易度：★★☆ ◉营养功效：益气补血

原料

水发黑米180克，水发红豆120克，椰奶75毫升

调料

冰糖15克

做法

1.砂锅中注入适量清水烧热，倒入洗净的红豆、黑米，大火烧开后改用小火煮约60分钟，至食材熟透。2.倒入备好的椰奶，拌匀，用大火略煮，至其散出椰奶的香味。3.再撒上适量的冰糖，搅拌匀，煮至糖分溶化，盛出煮好的红豆粥，装在小碗中即成。

烹饪时间 Time 52分钟

当归黄芪红花粥

◉难易度：★★☆ ◉营养功效：温中益气

原 料

水发大米170克，黄芪、当归各15克，红花、川芎各5克

调 料

盐、鸡粉各2克，鸡汁少许

做 法

1. 砂锅中注入清水烧开，放入洗净的黄芪、当归、红花、川芎。

2. 倒入鸡汁，拌匀，煮沸。

3. 煮至药材析出有效成分，捞出，倒入洗净的大米，拌匀。

4. 煮至米粒熟透。

5. 加入盐、鸡粉调味，拌一会儿，至粥入味，盛出煮好的粥，装入碗中即成。

烹饪小提示

捞出药材后最好等药汤沸腾后再倒入大米，这样米粒的外形更饱满。

玫瑰薏米粥

◉难易度：★★☆ ◉营养功效：美容养颜

原 料

水发大米90克，水发薏米、水发小米各80克，红糖50克，玫瑰花6克

做 法

1.砂锅中注入适量清水烧开，放入洗净的玫瑰花，拌匀。2.倒入洗好的大米、薏米、小米，拌匀，使米粒散开，烧开后用小火煮约30分钟，至食材熟透。3.倒入备好的红糖，快速搅拌匀，煮一会儿，至糖分完全溶于米粥中，盛出煮好的米粥，装入汤碗中，待稍微冷却后即可食用。

百合黑米粥

◉难易度：★☆☆ ◉营养功效：清热解毒

原 料

水发大米120克，水发黑米65克，鲜百合40克

调 料

盐2克

做 法

1.砂锅置火上，注入适量清水，用大火烧热，倒入备好的大米、黑米，放入洗好的百合，拌匀。2.盖上盖，烧开后用小火煮约40分钟至熟，揭开盖，放入盐。3.拌匀，煮至粥入味，关火后盛出煮好的粥即可。

百合糙米粥

◉难易度：★★☆ ◉营养功效：养心润肺

原料

糙米150克，贝母5克，麦冬5克，干百合5克

调料

白糖适量

烹饪小提示

百合可以先用水泡一会儿，以免煮出来的粥发苦。

做法

1. 砂锅中注入适量清水烧开。

2. 倒入贝母、麦冬、百合、糙米，搅匀。

3. 盖上锅盖，烧开后转小火煮约90分钟至食材熟软。

4. 加入白糖，拌至食材入味，将煮好的粥盛出，装入碗中即可。

茯苓核桃粥

◉难易度：★★☆ ◉营养功效：美容养颜

原 料

水发大米100克，水发黑豆60克，黑芝麻20克，核桃仁15克，茯苓30克

调 料

红糖少许

做 法

1.砂锅置火上，注入适量清水，大火烧开，倒入备好的黑豆、核桃仁、茯苓、黑芝麻。2.放入大米，搅拌拌匀，盖上盖，大火烧开后改用小火煮约40分钟至食材熟透。3.揭开盖，放入红糖，拌匀，煮至溶化，关火后盛出核桃粥即可。

红枣乳鸽粥

◉难易度：★★☆ ◉营养功效：益气补血

原 料

乳鸽块270克 ，水发大米120克，红枣25克，姜片、葱段各少许

调 料

盐1克，料酒4毫升，老抽、蚝油、食用油各适量

做 法

1.将洗净的红枣去核，切小块。2.将乳鸽块装入碗中，加盐、料酒、蚝油、姜片、葱段，腌渍入味。3.起油锅，倒入乳鸽肉，加入料酒、老抽，炒匀，盛出，放入盘中，拣去姜片、葱段。4.砂锅注水烧开，倒入洗好的大米、红枣，煮10分钟，倒入乳鸽，拌匀，煮20分钟至熟，拌匀，盛出煮好的汤料即可。

烹饪时间 Time 62分钟

糯米薏米红枣粥

◉难易度：★★☆ ◉营养功效：补血养颜

原 料

红枣10克，糯米150克，薏米150克

烹饪小提示

糯米比较吸水，因此可适量多放点水。

做 法

1. 砂锅中注入适量清水，用大火烧热。

2. 倒入备好的糯米、薏米、红枣，搅匀。

3. 盖上盖，烧开后转小火煮1小时至食材熟软。

4. 揭开锅盖，搅拌均匀。

5. 关火后将煮好的粥盛入碗中即可。

山药黑豆粥

◉难易度：★★☆ ◉营养功效：滋阴补血

原 料

小米70克，山药90克，水发黑豆80克，水发薏米45克，葱花少许

调 料

盐2克

做 法

1.将洗净去皮的山药切片，再切条，改切成丁。2.锅中注入适量清水，用大火烧开，倒入黑豆、薏米，用锅勺搅拌均匀，倒入备好的小米，将食材快速搅拌均匀，煮30分钟，至食材熟软。3.放入山药，拌匀，续煮15分钟，至全部食材熟透，放入盐，将煮好的粥盛出，装入碗中，放上葱花即可。

黑芝麻核桃粥

原 料

黑芝麻15克，核桃仁30克，糙米120克

调 料

白糖6克

做 法

1.将核桃仁倒入木臼，压碎，把压碎的核桃仁倒入碗中，待用。2.汤锅中注入清水烧热，倒入洗净的糙米，煮30分钟至糙米熟软。3.倒入核桃仁，拌匀，煮10分钟至食材熟烂，倒入黑芝麻，加入白糖，煮至白糖溶化，将粥盛出，装入碗中即可。

美味雪梨柠檬汁

◉难易度：★★☆ ◉营养功效：养心润肺

烹饪时间 Time 2分钟

原料

雪梨200克，柠檬70克

调料

蜂蜜15克

烹饪小提示

果汁倒入杯中后最好掠去浮沫，这样饮用时口感更佳。

做法

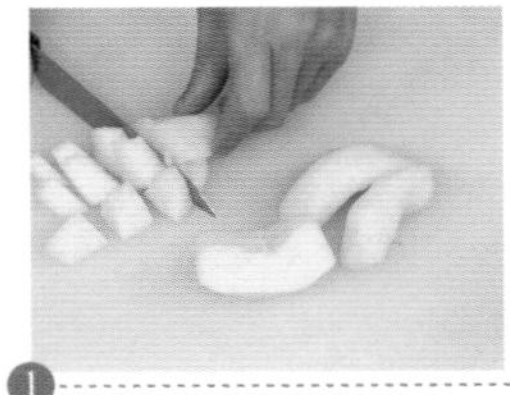

1. 洗净的雪梨去皮，去核，切小块，柠檬洗净切小块。

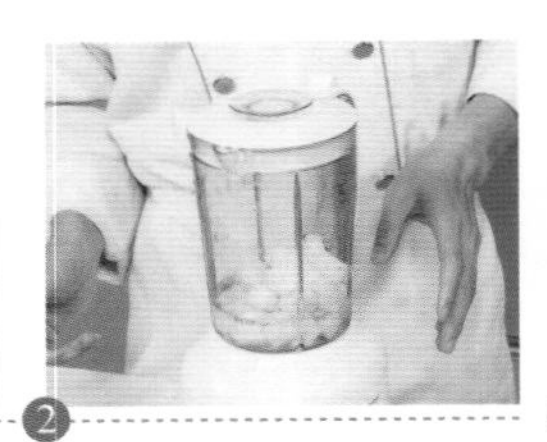

2. 取榨汁机，把切好的水果放入搅拌杯中，加矿泉水。

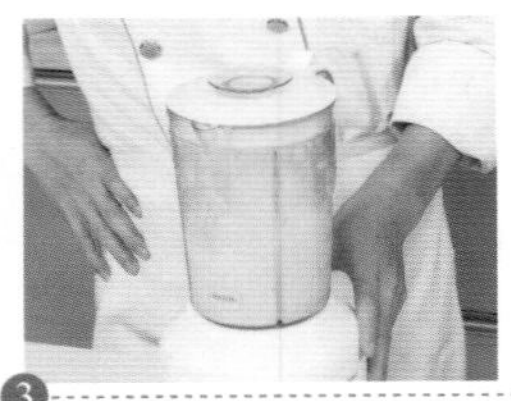

3. 充分搅拌，榨出果汁。

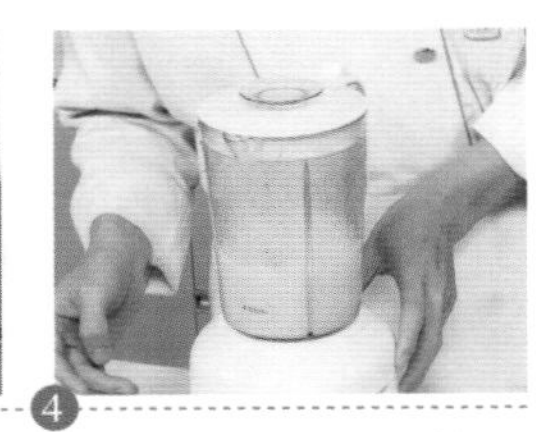

4. 加入蜂蜜，再搅拌一会儿，把榨好的果汁倒入杯中即可。

莴笋菠萝蜂蜜汁

◉难易度：★★☆　◉营养功效：开胃消食

原 料

菠萝肉180克，莴笋65克

调 料

蜂蜜20克

做 法

1.锅中注入适量清水烧开，放入洗净去皮的莴笋，煮约1分30秒，捞出，沥干水分。2.将放凉的莴笋切小块，把洗好的菠萝切成小块。3.取榨汁机，倒入莴笋、菠萝肉，加入蜂蜜，注入纯净水，榨取蔬果汁，倒出蔬果汁，装入杯中即可。

芦笋西红柿鲜奶汁

◉难易度：★★☆　◉营养功效：清热解毒

原 料

芦笋60克，西红柿130克，牛奶80毫升

做 法

1.洗净的芦笋切成段，洗好的西红柿切成小块。2.取榨汁机，选择搅拌刀座组合，倒入芦笋、西红柿，注入适量矿泉水。3.盖上盖，选择“榨汁”功能，榨取蔬菜汁，揭盖，倒入牛奶，盖上盖，再次选择“榨汁”功能，搅拌均匀，揭开盖，把搅拌匀的蔬菜汁倒入杯中即可。

烹饪时间
Time
2分钟

猕猴桃香蕉汁

◉难易度：★★☆ ◉营养功效：排毒瘦身

原料

猕猴桃100克，香蕉100克

调料

蜂蜜15毫升

烹饪小提示

将果汁倒入杯中后可将表面的浮沫撇去，这样果汁的口感更佳。

做法

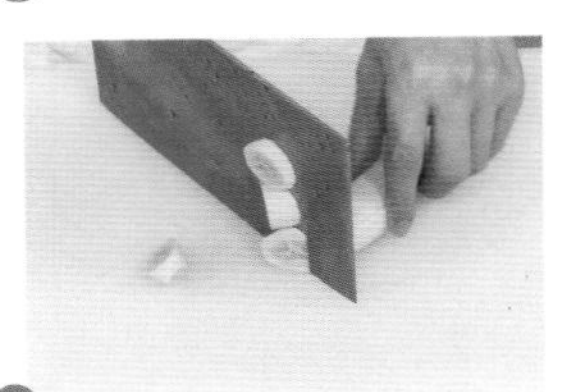

1. 香蕉去皮，将果肉切小块，洗净的猕猴桃去皮、硬芯，切小块。

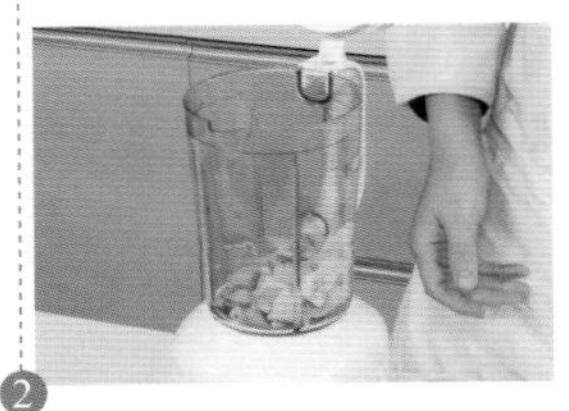

2. 取榨汁机，选择搅拌刀座组合，倒入切好的猕猴桃、香蕉。

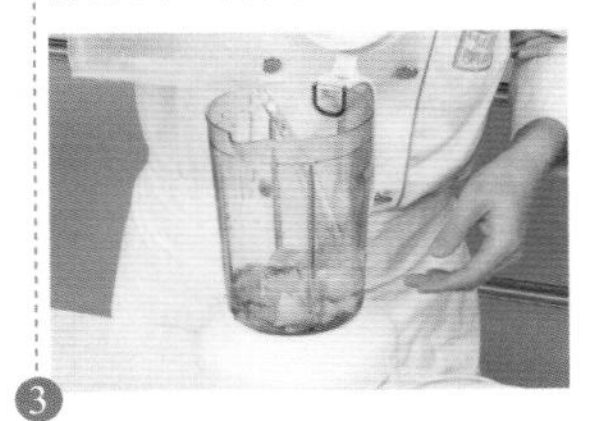

3. 加入适量矿泉水。

4. 选择“榨汁”功能，榨取果汁。

5. 加入适量蜂蜜，拌匀，把搅拌余的果汁倒入杯中即可。

芹菜胡萝卜柑橘汁

◉难易度：★☆☆　◉营养功效：健胃消食

原 料

芹菜70克，胡萝卜100克，柑橘1个

做 法

1.洗净的芹菜切段，洗好去皮的胡萝卜切条，改切成粒，柑橘去皮，掰成瓣，去掉橘络，备用。2.取榨汁机，选择搅拌刀座组合，倒入芹菜、胡萝卜、柑橘，加入适量矿泉水。3.盖上盖，选择“榨汁”功能，榨取蔬果汁，揭开盖，把榨好的蔬果汁倒入杯中即可。

西瓜黄桃苹果汁

◉难易度：★☆☆　◉营养功效：排毒养颜

原 料

西瓜300克，黄桃150克，苹果200克

做 法

1.洗好的苹果切小块，取出的西瓜肉去籽，切小块。2.取榨汁机，选择搅拌刀座组合，把苹果、西瓜、黄桃倒入榨汁机的搅拌杯中，加少许矿泉水。3.选择“榨汁”功能，榨取果汁，取下搅拌杯，把果汁倒入杯中即可。

西红柿葡萄紫甘蓝汁

◉难易度：★☆☆　◉营养功效：延缓衰老

原 料

西红柿100克，紫甘蓝100克，葡萄100克

烹饪小提示

紫甘蓝不要焯水过久，否则会破坏它的营养成分。

做 法

1. 洗好的西红柿切瓣，切小块，洗净的紫甘蓝切小块。

2. 锅中注水烧开，倒入紫甘蓝，煮1分钟，捞出，沥干水分。

3. 取榨汁机，将西红柿、葡萄、紫甘蓝、纯净水倒入搅拌杯中。

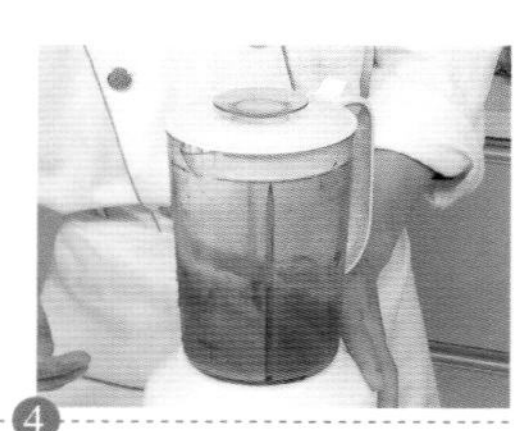

4. 选用“榨汁”功能，榨出蔬果汁，将蔬果汁倒入杯中即可。

Part 6

滋补有讲究，长辈们的健康养生餐

吃对才健康，会吃才长寿，科学饮食是健康长寿的基础，如果选错食材，营养就会变成致病的因素。对中老年人而言，吃对才健康，会吃才会长寿。首先，中老年人要选对食材，其次要合理搭配。在食物搭配时，既要保持各种营养素之间的适宜比例，又要注意适合中老年人的消化功能，使其易于消化吸收。

干贝烧海参

◉难易度：★★☆ ◉营养功效：增强免疫

原 料

水发海参140克，干贝15克，红椒圈、姜片、葱段、蒜末各少许

调 料

豆瓣酱10克，盐3克，鸡粉2克，蚝油4克，料酒5毫升，水淀粉、食用油各适量

烹饪小提示

干贝末可以先用少许生粉裹匀后再炸，这样炸出的干贝味道会更清脆。

做 法

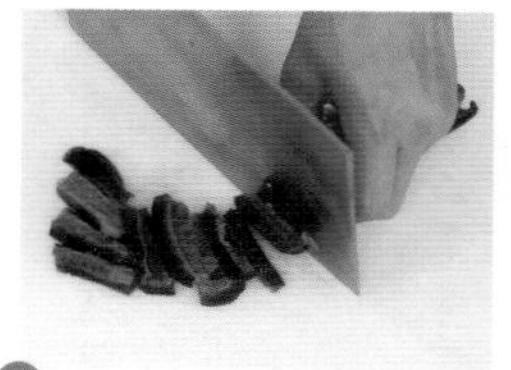

1. 洗净的海参切小块，洗净的干贝拍碎，压成细末。

2. 锅中注水烧开，加入鸡粉、盐、料酒、海参，煮约2分钟，捞出，沥干水分。

3. 干贝末油炸约半分钟，捞出，起油锅，放入姜、葱、蒜、红椒圈，炒匀。

4. 倒入海参、料酒、豆瓣酱、蚝油、盐、鸡粉、水淀粉，炒匀，盛出，撒上干贝末即可。

笋烧海参

◉难易度：★★☆ ◉营养功效：增强免疫

原 料

党参12克，冬笋70克，枸杞8克，水发海参300克，姜片、葱段各少许

调 料

白醋8毫升，料酒8毫升，生抽4毫升，盐2克，鸡粉2克，水淀粉4毫升，食用油适量

做 法

1.洗净去皮的冬笋切片，洗好的海参切块。2.洗净的党参加水煮10分钟，盛出药汁。3.锅中注水烧开，加入白醋，倒入海参，汆煮一会儿，捞出，沥干。4.用油起锅，倒入姜片、葱段、海参，淋入料酒、生抽，倒入冬笋，加入药汁，煮沸，加盐、鸡粉、枸杞、水淀粉，炒匀，盛出，装入盘中即可。

木耳炒腰花

◉难易度：★★☆ ◉营养功效：滋阴补肾

原 料

猪腰200克，木耳100克，红椒20克，姜片、蒜末、葱段各少许

调 料

盐3克，鸡粉2克，料酒5毫升，生抽、蚝油、水淀粉、食用油各适量

做 法

1.将洗净的红椒切块，洗好的木耳切小块，处理干净的猪腰切去筋膜，切片。2.猪腰中加盐、鸡粉、料酒、水淀粉，腌渍入味。3.木耳焯水后捞出，猪腰汆去血水，捞出。4.起油锅，放入姜、蒜、葱、红椒，倒入猪腰，淋入料酒，放入木耳，加入生抽、蚝油、盐、鸡粉，炒匀，倒入水淀粉，炒匀，盛出，装入盘中即可。

山药木耳炒核桃仁

◉难易度：★★☆ ◉营养功效：益胃补肾

原 料

山药90克，水发木耳40克，西芹50克，彩椒60克，核桃仁30克，白芝麻少许

调 料

盐3克，白糖10克，生抽3毫升，水淀粉4毫升，食用油适量

烹饪小提示

山药切好后可以用淡盐水泡一会儿，能很好地去除山药上的黏液。

做 法

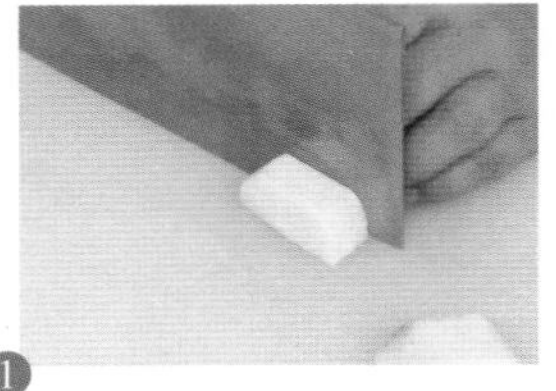

1. 食材洗净，山药去皮切片，木耳切小块，彩椒切小块，西芹切小块。

2. 山药、木耳、西芹、彩椒焯水后捞出，沥干。

3. 核桃仁油炸后捞出，装盘，与白芝麻拌匀。

4. 锅底留油，放入白糖、核桃仁，炒匀，盛出，撒上白芝麻，拌匀。

5. 起油锅，倒入焯过水的食材，加盐、生抽、白糖、水淀粉，炒匀，盛出，装盘，放上核桃仁即可。

口蘑烧白菜

◉难易度：★★☆ ◉营养功效：健脾开胃

烹饪时间 Time 2分钟

原 料

口蘑90克，大白菜120克，红椒40克，姜片、蒜末、葱段各少许

调 料

盐3克，鸡粉2克，生抽2毫升，料酒4毫升，水淀粉、食用油各适量

做 法

1.洗净的口蘑切片，洗好的大白菜切小块，洗净的红椒对切小块。2.锅中注水烧开，加入鸡粉、盐，倒入口蘑，搅匀，煮约1分钟，倒入大白菜、红椒，续煮约半分钟，捞出，沥干。3.用油起锅，放入姜片、蒜末、葱段，倒入食材，炒匀，淋入料酒，加鸡粉、盐、生抽、水淀粉，炒熟，盛出，装在盘中即成。

包菜炒肉丝

◉难易度：★★☆ ◉营养功效：增强免疫

原 料

猪瘦肉200克，包菜200克，红椒15克，蒜末、葱段各少许

调 料

盐3克，白醋2毫升，白糖4克，料酒、鸡粉、水淀粉、食用油各适量

做 法

1.将洗净的包菜切丝，洗好的红椒切丝，洗净的猪瘦肉切丝。2.肉丝中加盐、鸡粉、水淀粉、食用油，腌渍入味。3.锅中加水烧开，放入食用油，倒入包菜，煮断生，捞出。4.起油锅，放入蒜末、肉丝，淋入料酒，炒至转色，倒入包菜、红椒，加白醋、盐、白糖，炒匀，放入葱段，倒入水淀粉，炒匀即可。

烹饪时间 Time 2分钟

上海青炒鸡片

◉难易度：★★☆　◉营养功效：增强免疫

原 料

鸡胸肉130克，上海青150克，红椒30克，姜片、蒜末、葱段各少许

调 料

盐3克，鸡粉少许，料酒3毫升，水淀粉、食用油各适量

烹饪小提示

上海青的铁元素含量较高，焯煮的时间不宜太长，以免营养物质流失。

做 法

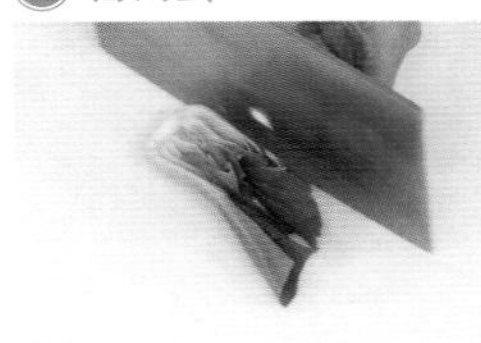

1. 洗净的上海青切开；洗好的红椒切小块。

2. 洗净的鸡胸肉切片，加盐、鸡粉、水淀粉、食用油，腌渍入味。

3. 上海青焯水后捞出，沥干，油锅爆香姜片、蒜末、葱段，放入红椒片、鸡肉片，炒匀。

4. 淋入料酒，倒入上海青，加鸡粉、盐、水淀粉，炒熟，盛出，摆好盘即成。

椰香西蓝花

◉难易度：★★☆ ◉营养功效：增强免疫

原 料

西蓝花200克，草菇100克，香肠120克，牛奶、椰浆各50毫升，胡萝卜片、姜片、葱段各少许

调 料

盐3克，鸡粉2克，水淀粉、食用油各适量

做 法

1.将洗净的西蓝花切小朵，洗好的草菇对半切开，洗净的香肠切片。2.锅中注水烧开，放入食用油，加盐，倒入草菇、西蓝花，煮断生，捞出，沥干。3.用油起锅，放入胡萝卜片、姜片、葱段，放入香肠，炒出香味，倒入清水，放入食材，倒入牛奶、椰浆，加入盐、鸡粉，煮片刻至全部食材熟透，倒入水淀粉勾芡，盛出煮好的菜肴，放在盘中即可。

茭白鸡丁

◉难易度：★★★ ◉营养功效：补虚健体

原 料

鸡胸肉250克，茭白100克，黄瓜100克，胡萝卜90克，圆椒50克，蒜末、姜片、葱段各少许

调 料

盐3克，鸡粉3克，水淀粉9毫升，料酒8毫升，食用油适量

做 法

1.洗净去皮的胡萝卜、茭白切丁，洗好的黄瓜切丁，洗好的圆椒切小块。2.洗好的鸡胸肉切丁，加盐、鸡粉、水淀粉、食用油腌渍。3.胡萝卜、茭白焯煮断生，捞出，沥干，鸡丁汆至变色，捞出，沥干。4.起油锅，放入姜、蒜、葱，倒入鸡肉丁，炒匀，淋入料酒，倒入黄瓜丁、胡萝卜、茭白、圆椒，加盐、鸡粉、水淀粉，炒熟即可。

烹饪时间 Time 2分钟

白果桂圆炒虾仁

◉难易度：★★☆ ◉营养功效：保肝护肾

原 料

白果150克，桂圆肉40克，彩椒60克，虾仁200克，姜片、葱段各少许

调 料

盐4克，鸡粉4克，胡椒粉1克，料酒8毫升，水淀粉10毫升，食用油适量

烹饪小提示

虾仁肉质细腻松软，滑油时油温不能太高，以免破坏其口感。

做 法

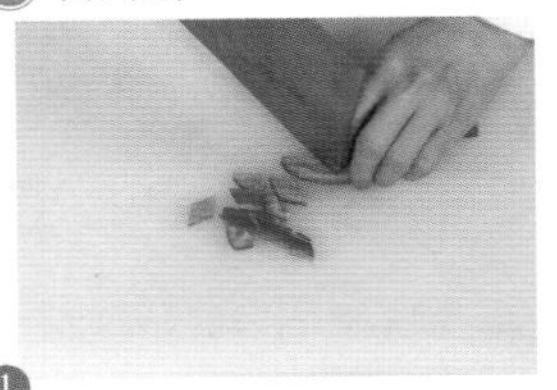

1. 洗净的彩椒切丁，洗好的虾仁去除虾线。

2. 虾仁中加盐、鸡粉、胡椒粉、水淀粉、食用油，拌匀，腌渍入味。

3. 白果、桂圆肉、彩椒焯煮断生，捞出，虾仁汆煮至变色，捞出。

4. 热锅注油，放入虾仁，滑油片刻，捞出。

5. 起油锅，放姜、葱、白果、桂圆、彩椒炒匀，放虾仁、料酒、鸡粉、盐、水淀粉炒熟即可。

南瓜炒虾米

◉难易度：★★☆　◉营养功效：降低血压

原料

南瓜200克，虾米20克，鸡蛋2个，姜片、葱花各少许

调料

盐3克，生抽2毫升，鸡粉、食用油各适量

做法

1.洗净去皮的南瓜切片。2.鸡蛋打入碗中，加盐，打散。3.锅中注水烧开，加盐、食用油，倒入南瓜，煮断生，捞出，沥干。4.用油起锅，倒入蛋液，炒至熟。5.炒锅注油烧热，放入姜片，加入虾米，倒入南瓜，炒匀，放入盐、鸡粉、生抽，炒匀，倒入鸡蛋，炒匀，盛出炒好的菜肴，装入盘中，撒上葱花即可。

红烧猴头菇

◉难易度：★★☆　◉营养功效：降低血压

原料

大白菜200克，水发猴头菇80克，竹笋80克，姜片、葱段各少许

调料

盐3克，鸡粉3克，蚝油8克，料酒10毫升，水淀粉5毫升，食用油适量

做法

1.处理好的竹笋切小块，洗净的猴头菇切小块，洗好的大白菜切段。2.锅中注水烧开，放入盐、鸡粉、料酒，倒入竹笋、猴头菇，焯煮1分钟，加入大白菜，再煮1分钟，捞出，沥干。3.用油起锅，放入姜片、葱段，倒入食材，炒匀，淋入料酒，放入蚝油、鸡粉、盐，倒入清水，淋入水淀粉炒匀即可。

大蒜烧鳝段

◉难易度：★★☆ ◉营养功效：祛风强筋

原料

鳝鱼200克，彩椒35克，蒜头55克，姜片、葱段各少许

调料

盐2克，豆瓣酱10克，白糖3克，陈醋3毫升，食用油适量

烹饪小提示

在鳝鱼肉上切花刀时，最好深浅一致，这样受热更均匀。

做法

1. 洗净的彩椒去籽，切条，处理干净的鳝鱼切上花刀、切段。

2. 起油锅，倒入蒜头，炸至金黄色，盛出多余的油，放入姜片、鳝鱼肉。

3. 放入豆瓣酱、料酒、清水、葱段、彩椒、陈醋，炒匀。

4. 焖至食材熟透，加白糖、盐，炒至食材入味即可。

山楂银芽

◉难易度：★★☆ ◉营养功效：开胃消食

原 料

山楂30克，绿豆芽70克，黄瓜120克，芹菜50克

调 料

白糖6克，水淀粉3毫升，食用油适量

做 法

1.把洗净的芹菜切成段，将洗净的黄瓜切成片，改切成丝。2.用油起锅，倒入洗净的山楂，略炒片刻，放入黄瓜丝，炒至熟软，下入绿豆芽，翻炒均匀，倒入芹菜，炒匀。3.加入白糖，炒匀调味，倒入适量水淀粉，拌炒一会儿至食材熟透，将炒好的菜盛出，装盘即可。

桂圆炒虾球

原 料

虾仁200克，桂圆肉180克，胡萝卜片、姜片、葱段各少许

调 料

盐3克，鸡粉3克，料酒10毫升，水淀粉16毫升，食用油适量

做 法

1.洗净的虾仁去除虾线，加盐、鸡粉、水淀粉、食用油，腌渍入味。2.锅中注水烧开，放入虾仁，煮至变色，捞出，沥干，热锅注油，放入虾仁，滑油片刻，捞出。3.锅底留油，放入胡萝卜片、姜片、葱段，倒入桂圆肉、虾仁，淋入料酒，加入鸡粉、盐，炒匀，倒入水淀粉，炒至食材入味即可。

烹饪时间
Time
3分钟

彩椒玉米炒鸡蛋

◉难易度：★☆☆ ◉营养功效：降低血脂

原料

鸡蛋2个，玉米粒85克，彩椒10克

调料

盐3克，鸡粉2克，食用油适量

烹饪小提示

鸡蛋不宜用大火炒，以免将其炒煳了，影响口感。

做法

1 洗净的彩椒切成丁。

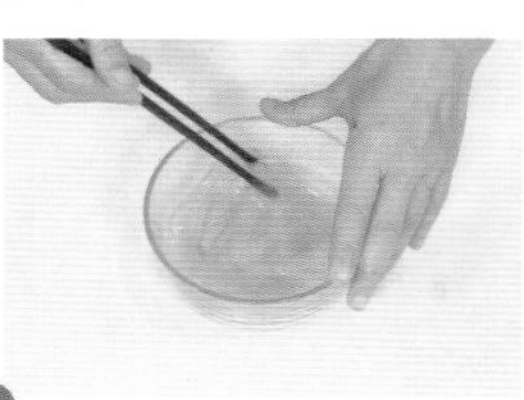

2 鸡蛋装碗，加盐、鸡粉，搅匀，制成蛋液。

3 锅中注水烧开，倒入玉米粒、彩椒，加盐，煮至断生，捞出，沥干。

4 用油起锅，倒入蛋液，炒匀，倒入焯过水的食材，翻炒均匀。

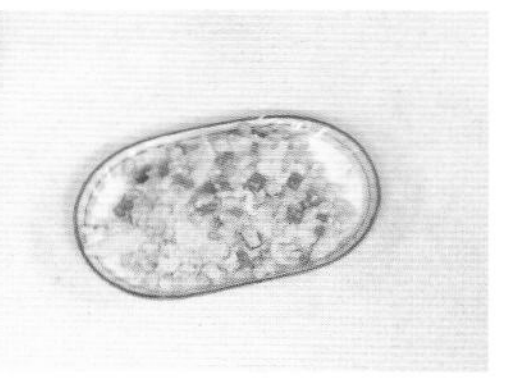

5 将炒好的菜肴盛出，装盘，撒上葱花即可。

绿豆芽炒鳝丝

◉难易度：★★☆ ◉营养功效：补中益气

原料

绿豆芽40克，鳝鱼90克，青椒、红椒各30克，姜片、蒜末、葱段各少许

调料

盐3克，鸡粉3克，料酒6毫升，水淀粉、食用油各适量

做法

1.洗净的红椒、青椒去籽，切丝，将处理干净的鳝鱼切丝。2.鳝鱼丝中放鸡粉、盐、料酒、水淀粉、食用油，腌渍入味。3.用油起锅，放入姜片、蒜末、葱段，放入青椒、红椒，倒入鳝鱼丝，炒匀，淋入料酒，放入洗好的绿豆芽，加入盐、鸡粉，倒入水淀粉，炒匀，把炒好的材料盛出，装入盘中即可。

软熘虾仁腰花

◉难易度：★★★ ◉营养功效：补肝益肾

原料

虾仁80克，猪腰140克，枸杞3克，姜片、蒜末、葱段各少许

调料

盐3克，鸡粉4克，料酒、水淀粉、食用油各适量

做法

1.虾仁挑去虾线，洗净的猪腰切去筋膜，切片。2.猪腰中加盐、鸡粉、料酒、水淀粉，腌渍入味，虾仁加盐、鸡粉、料酒、水淀粉、食用油，腌渍入味。3.猪腰汆水至转色，捞出。4.起油锅，放入姜、蒜、葱，倒入虾仁、猪腰，炒匀，淋入料酒，加入盐、鸡粉，注入清水，炒匀，倒入水淀粉勾芡，放入洗好的枸杞，炒匀即成。

柏子仁猪心汤

◉难易度：★★☆ ◉营养功效：补肾健脾

原料

猪心100克，柏子仁8克，姜片、葱花各少许

调料

盐、鸡粉各2克，胡椒粉少许，料酒6毫升

烹饪小提示

猪心的表面黏液较多，清洗时最好加入少许白醋，这样切片时才不易滑刀。

做法

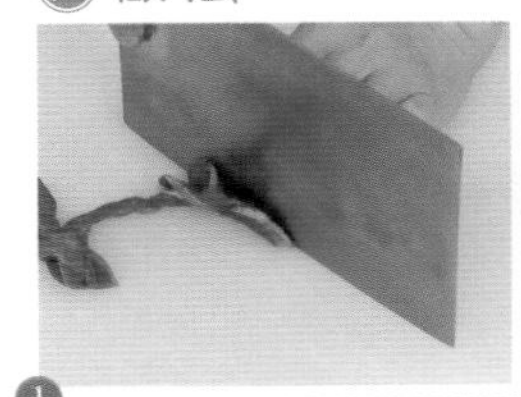

1. 将洗净的猪心切片，锅中注入清水烧开，加入料酒。

2. 放入猪心片，拌匀，汆去血水，捞出，沥干水分。

3. 砂锅中注水烧开，放入猪心片、洗净的柏子仁、姜片，淋入料酒，煲煮熟。

4. 加盐、鸡粉、胡椒粉调味，盛出装碗，撒上葱花即成。

鸡内金鲫鱼汤

◉难易度：★★☆ ◉营养功效：养胃健脾

原料

鲫鱼320克，鸡内金、砂仁、姜片、葱段各少许

调料

盐2克，食用油适量

做法

1.用油起锅，放入处理好的鲫鱼，用小火煎至两面断生。2.注入适量热水，放入姜片、葱段，倒入备好的鸡内金、砂仁。3.盖上盖，烧开后用小火煮约15分钟至熟，揭开盖，加入少许盐，拌匀调味，关火后盛出煮好的汤料即可。

百合半夏薏米汤

◉难易度：★★☆ ◉营养功效：防癌抗癌

原料

干百合10克，半夏8克，水发薏米100克

调料

冰糖25克

做法

1.砂锅中注入适量清水烧开，倒入洗净的百合、半夏。2.放入洗好的薏米，拌匀，盖上盖，用小火煮30分钟，至材料熟透。3.揭开盖，倒入备好的冰糖，盖上盖，煮至冰糖溶化，揭开盖子，搅拌片刻，使汤味道均匀，盛出煮好的汤料，装入碗中即可。

烹饪时间

Time 3分钟

紫菜萝卜蛋汤

◉难易度：★★☆ ◉营养功效：养心润肺

原料

水发紫菜160克，白萝卜230克，鸭蛋1个，陈皮末、葱花各少许

调料

盐、鸡粉各2克，芝麻油适量

烹饪小提示

边倒入蛋液边搅拌，可使蛋花更美观。

做法

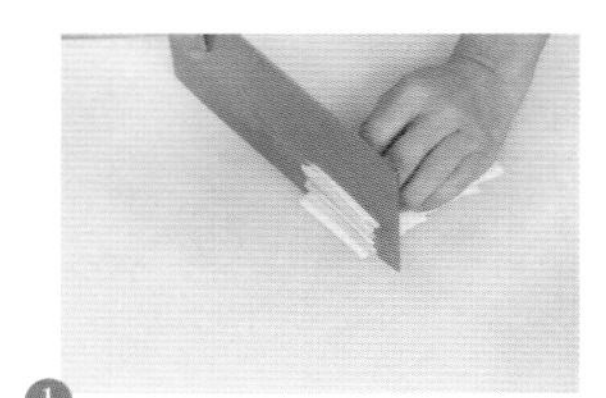

1. 洗净去皮的白萝卜切细丝。

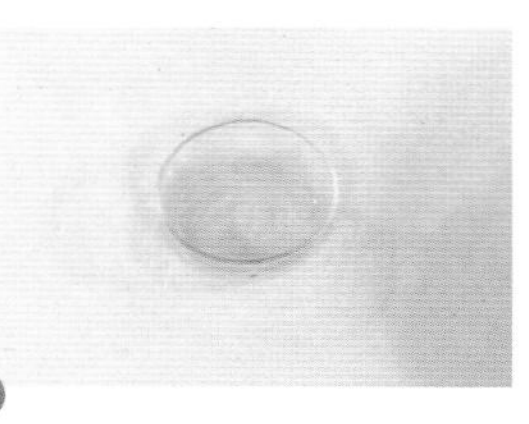

2. 将鸭蛋打入碗中，调匀，制成蛋液。

3. 锅中注入清水烧热，倒入陈皮末，白萝卜，拌匀，煮至断生。

4. 放入紫菜、盐、鸡粉、芝麻油，拌匀。

5. 撇去浮沫，倒入蛋液，煮至蛋花成形，盛出，装碗，撒上葱花即可。

猪血山药汤

◉难易度：★★☆　◉营养功效：补中益气

原 料

猪血270克，山药70克，葱花少许

调 料

盐2克，胡椒粉少许

做 法

1.洗净去皮的山药用斜刀切段，改切厚片，洗好的猪血切开，改切小块。2.锅中注入清水烧热，倒入猪血，拌匀，汆去污渍，捞出，沥干水分。3.另起锅，注入清水烧开，倒入猪血、山药，煮约10分钟至食材熟透，加入盐，拌匀，取汤碗，撒入胡椒粉，盛入锅中的汤料，点缀上葱花即可。

莲子芡实牛肚汤

◉难易度：★★☆　◉营养功效：益气补血

原 料

水发莲子70克，红枣20克，芡实30克，姜片25克，牛肚250克

调 料

盐2克，鸡粉2克，料酒10毫升

做 法

1.处理干净的牛肚切小块。2.锅中注入清水烧开，倒入牛肚，汆煮至变色，捞出，沥干水分。3.锅中注入清水烧开，撒入姜片，放入莲子、红枣、芡实，倒入牛肚，淋入料酒，拌匀，炖90分钟，至食材熟透，放入盐、鸡粉，盛出炖煮好的汤料，装入碗中即可。

健脾益气粥

◉难易度：★★☆ ◉营养功效：健脾止泻

原料

水发大米150克，淮山50克，芡实45克，水发莲子40克，干百合35克

调料

冰糖30克

烹饪小提示

莲子煮熟后较苦，可多加些冰糖，这样能改善粥的口感。

做法

1. 砂锅中注入适量清水烧开。

2. 放入洗净的淮山、芡实、莲子、干百合。

3. 倒入洗好的大米，搅匀，煮约40分钟，至米粒熟透。

4. 加入冰糖，煮至冰糖溶化，盛出煮好的粥，装入碗中即成。

山药南瓜粥

◉难易度：★★☆ ◉营养功效：益胃补肾

原 料

山药85克，南瓜120克，水发大米120克，葱花少许

调 料

盐2克，鸡粉2克

做 法

1.将洗净去皮的山药切片，再切条，改切成丁；去皮洗好的南瓜切片，再切条，改切成丁。2.砂锅中注入清水烧开，倒入大米，拌匀，煮30分钟，至大米熟软。3.放入南瓜、山药，拌匀，煮15分钟，至食材熟烂，加入盐、鸡粉，搅匀，将煮好的粥盛入碗中，撒上葱花即可。

白果莲子乌鸡粥

◉难易度：★★☆ ◉营养功效：益气固表

原 料

水发糯米120克，白果25克，水发莲子50克，乌鸡块200克

调 料

盐、鸡粉各2克，料酒5毫升

做 法

1.将乌鸡块装入盘中，加入盐、鸡粉、料酒，拌匀，腌渍入味。2.砂锅中注入清水烧开，倒入洗好的白果、莲子，放入洗净的糯米，拌匀，煮约30分钟。3.倒入乌鸡块，煮约15分钟至食材熟透，加入盐、鸡粉，拌匀，盛出煮好的粥，装入碗中即可。

烹饪时间 Time 57分钟

花菜香菇粥

◉难易度：★★☆ ◉营养功效：健脾开胃

原料

西蓝花100克，花菜80克，胡萝卜80克，大米200克，香菇、葱花各少许

调料

盐2克

烹饪小提示

大米可先泡发后再煮，这样能减少烹煮的时间。

做法

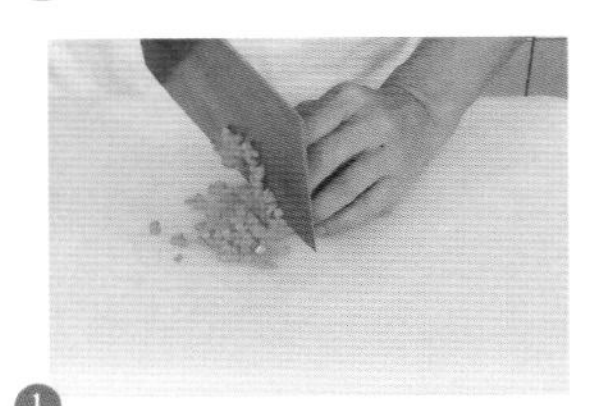

1. 胡萝卜洗净去皮切丁，香菇洗净切条，洗净的花菜、西蓝花切小朵。

2. 砂锅中注水烧开，倒入洗好的大米。

3. 用大火煮开后转小火煮40分钟。

4. 放香菇、胡萝卜、花菜、西蓝花拌匀，续煮15分钟至食材熟透。

5. 放入盐，拌匀，盛出煮好的粥，装入碗中，撒上葱花即可。

糯米桂圆红糖粥

◉难易度：★☆☆ ◉营养功效：补肾益气

原料

桂圆肉35克，水发糯米150克

调料

红糖40克

做法

1.砂锅置火上，注入适量清水，用大火烧开，放入洗净的糯米，倒入备好的桂圆，用勺搅拌均匀，使米粒散开。2.盖上盖，用小火煮30分钟至其熟透，揭盖，加入红糖。3.搅拌匀，煮至溶化，关火后盛出煮好的粥，装入碗中即可。

花菜菠萝稀粥

◉难易度：★★☆ ◉营养功效：开胃消食

原料

菠萝肉160克，花菜120克，水发大米85克

做法

1.将去皮洗净的菠萝肉切片，再切成细丝，改切成小丁块，洗好的花菜去除根部，切成小朵。2.砂锅中注入适量清水烧开，倒入洗净的大米，拌匀，烧开后用小火煮30分钟。3.倒入花菜，续煮10分钟，倒入菠萝，拌匀，煮3分钟，盛出煮好的稀粥即可。

香芹炒饭

◉难易度：★★☆ ◉营养功效：健胃强腰

原料

冷米饭180克，芹菜段25克，胡萝卜10克，鸡蛋1个，豌豆35克

调料

盐3克，鸡粉2克，芝麻油、食用油各适量

烹饪小提示

炒饭的时间不可过长，否则鸡蛋炒得太老，会影响口感。

做法

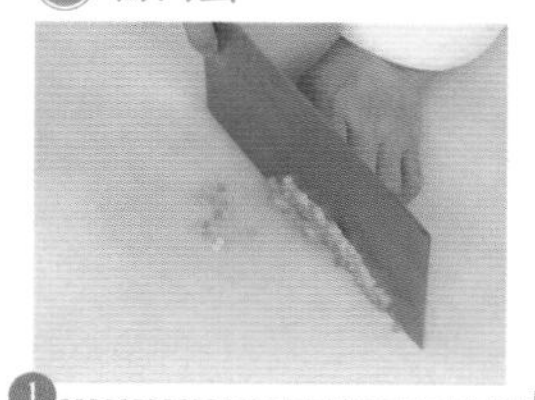

1. 洗好的芹菜切粒状，洗净的胡萝卜切丁。

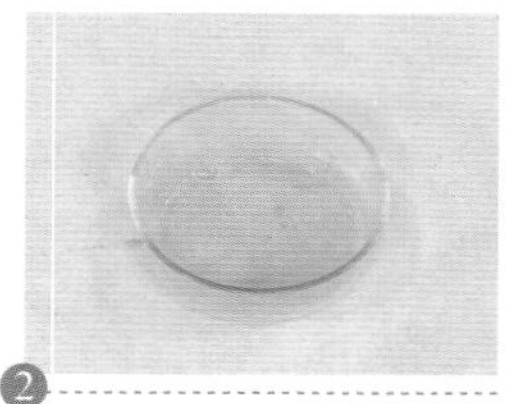

2. 将鸡蛋打入碗中，调匀，制成蛋液，锅中注水烧开，加入盐、食用油。

3. 倒入胡萝卜、豌豆，煮至断生，捞出，沥干，起油锅，倒入蛋液，炒散。

4. 倒入米饭，食材，加盐、鸡粉，炒匀，撒上芹菜，淋入芝麻油，炒透即可。

虾仁蔬菜稀饭

◉难易度：★★☆ ◉营养功效：润肠通便

原 料

虾仁30克，胡萝卜35克，洋葱40克，秀珍菇55克，稀饭120克，高汤200毫升

调 料

食用油适量

做 法

1.锅中注水烧开，倒入洗净的虾仁，煮至虾身弯曲，捞出，沥干。2.洗净的洋葱切小丁块，将放凉的虾仁切碎，洗净去皮的胡萝卜切丁，洗好的秀珍菇切细丝。3.砂锅置于火上，淋入食用油，倒入洋葱，放入胡萝卜、虾仁、秀珍菇，炒匀，倒入高汤，加入稀饭，煮至食材熟透，拌至稀饭浓稠即可。

蛤蜊炒饭

◉难易度：★★☆ ◉营养功效：调补肾气

原 料

蛤蜊肉50克，洋葱40克，鲜香菇35克，胡萝卜50克，彩椒40克，芹菜25克，大米饭、糙米饭各100克

调 料

盐2克，鸡粉2克，胡椒粉少许，芝麻油2毫升，食用油适量

做 法

1.洗净去皮的胡萝卜切粒，洗好的香菇切粒，洗净的芹菜切粒，洗好的彩椒切粒，洗净的洋葱切粒。2.锅中注水烧开，倒入胡萝卜、香菇，煮断生，捞出，沥干。3.用油起锅，倒入芹菜、彩椒、洋葱、大米饭、糙米饭，加入蛤蜊肉，放入胡萝卜和香菇，炒匀，加入盐、鸡粉，放入胡椒粉、芝麻油即可。

烹饪时间 Time 24分钟

鸡汤菌菇焖饭

◉难易度：★★★ ◉营养功效：开胃消食

原料

水发大米260克，蟹味菇100克，杏鲍菇35克，洋葱40克，水发猴头菇50克，黄油30克，蒜末少许

调料

盐2克，鸡粉少许

烹饪小提示

高压锅中加入的水不宜太多，以免米饭太稀，影响口感。

做法

1. 食材洗净，洋葱切碎，杏鲍菇切丁，蟹味菇去除根部，切小段，猴头菇切小块。

2. 煎锅置火上烧热，放入黄油，拌至其溶化。

3. 放入蒜末、洋葱末，炒软，倒入蟹味菇、猴头菇、杏鲍菇，炒匀。

4. 注水，煮沸，加盐、鸡粉，炒匀，制成酱菜。

5. 取高压锅，倒入大米，注入清水，放入酱菜，煮至食材熟透即成。

小米豌豆杂粮饭

◉难易度：★★☆　◉营养功效：健脾和胃

原料

糙米90克，燕麦80克，荞麦80克，豌豆100克

做法

1.把杂粮倒入碗中，加入适量清水，再放入豌豆，淘洗干净，倒掉碗中的水。2.把杂粮和豌豆装入另一个碗中，加入适量清水，放入烧开的蒸锅中。3.盖上盖，用中火蒸1小时，至食材熟透，关火后把蒸好的杂粮饭取出即可。

松子银耳稀饭

◉难易度：★★☆　◉营养功效：健胃润肠

原料

松子30克，水发银耳60克，软饭180克

调料

盐少许

做法

1.烧热炒锅，倒入松子，炒香。2.选榨汁机，将炒好的松子倒入杯中，磨成粉末，把泡发洗好的银耳去除根部，切小块。3.汤锅中注入清水，倒入银耳，煮沸，倒入软饭，拌匀，煮20分钟至软烂，倒入松子粉，拌匀，加入盐，把煮好的稀饭盛出，装入碗中即可。

青豆鸡丁炒饭

◉难易度：★★☆　◉营养功效：健脾益气

原 料

米饭180克，鸡蛋1个，青豆25克，彩椒15克，鸡胸肉55克

调 料

盐2克，食用油适量

烹饪小提示

最好使用隔夜的剩米饭炒制，口感会更好。

做 法

1 洗净的彩椒切小丁块，洗好的鸡胸肉切小丁块。

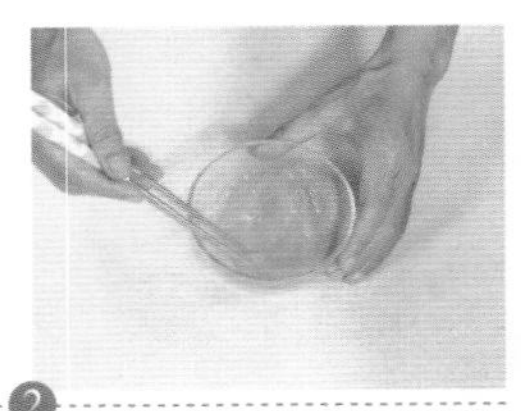

2 鸡蛋打入碗中，拌匀，锅中注入清水烧开。

3 倒入洗好的青豆，煮断生，倒入鸡胸肉，煮变色，捞出，沥干。

4 起油锅，倒入蛋液，放入彩椒、米饭，倒入食材，炒至米饭变软，加盐调味即可。

什锦炒饭

◉难易度：★★☆ ◉营养功效：补虚健体

原料

米饭300克，水发木耳75克，鸡蛋1个，培根35克，蟹柳40克，豌豆30克

调料

盐2克，鸡粉适量

做法

1.将解冻的蟹柳切丁，把培根切小块，洗净的木耳切丝。2.把鸡蛋打入小碗中，制成蛋液。3.锅中注水烧开，放入洗净的豌豆，略煮一会儿，倒入木耳丝，煮至食材断生，捞出，沥干。4.用油起锅，倒入蛋液，放入培根块、蟹柳丁，炒匀，倒入米饭，放入食材，加盐、鸡粉，炒至食材熟透即可。

松子玉米炒饭

◉难易度：★★☆ ◉营养功效：益胃和中

原料

米饭300克，玉米粒45克，青豆35克，腊肉55克，鸡蛋1个，水发香菇40克，熟松子仁25克，葱花少许

做法

1.将洗净的香菇切丁，洗好的腊肉切丁。2.锅中注入清水烧开，倒入洗净的青豆、玉米粒，拌匀，煮1分30秒，至食材断生，捞出，沥干水。3.用油起锅，倒入腊肉丁，倒入香菇丁，炒匀，打入鸡蛋，倒入米饭，倒入食材，撒上葱花，炒出香味，倒入熟松子仁，炒匀，盛出炒好的米饭，装入盘中，撒上余下的熟松子仁即成。

烹饪时间 Time 6分钟

鸡蓉玉米面

◉难易度：★★☆ ◉营养功效：开胃消食

原料

水发玉米粒40克，鸡胸肉20克，面条30克

调料

盐少许

烹饪小提示

面条入锅后要搅散拌匀，以免粘在一起。

做法

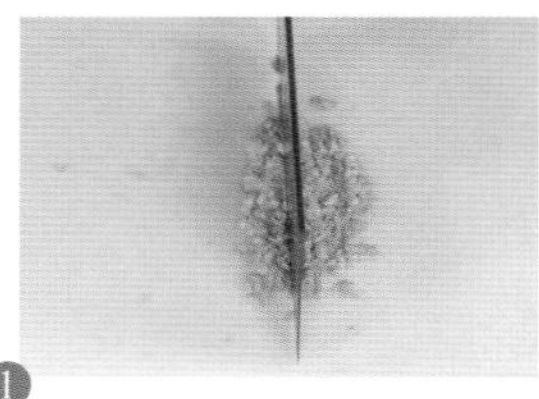

1 将洗净的玉米粒剁碎，将面条切段，洗净的鸡胸肉剁成肉末。

2 用油起锅，放入肉末，搅松散，炒至转色。

3 倒入清水，放入玉米蓉，拌匀搅散。

4 加盐，煮至沸腾。

5 放入面条，拌匀，煮4分钟至食材熟透，盛出煮好的面条，装入碗中即成。

金针菇海蜇荞麦面

◉难易度：★★☆ ◉营养功效：增强免疫

原料

金针菇65克，香辣海蜇120克，荞麦面90克，蒜末、葱花各少许

调料

盐2克，生抽5毫升，陈醋7毫升，芝麻油4毫升

做法

1.锅中注入清水烧开，倒入荞麦面，拌匀，煮约3分钟至其熟软。2.倒入洗净的金针菇，煮至断生，捞出，置于凉开水中，浸泡片刻，捞出，沥干水分，装入盘中，放入蒜末、葱花。3.倒入香辣海蜇，加入盐、生抽，淋入陈醋、芝麻油，拌匀，将拌好的荞麦面装入盘中即可。

生菜鸡蛋面

◉难易度：★★☆ ◉营养功效：增强免疫

原料

面条120克，鸡蛋1个，生菜65克，葱花少许

调料

盐、鸡粉各2克，食用油适量

做法

1.鸡蛋打入碗中，打散，制成蛋液。
2.用油起锅，倒入蛋液，炒至蛋皮状。
3.锅中注入清水烧开，放入面条，加入盐、鸡粉，拌匀，煮约2分钟，加入食用油，放入蛋皮，放入洗好的生菜，煮至变软，盛出煮好的面条，装入碗中，撒上葱花即可。

海带丝山药荞麦面

◉难易度：★★☆　◉营养功效：健脾止泻

原 料

荞麦面140克，山药75克，水发海带丝30克，日式面汤400毫升

烹饪小提示

日式面汤的咸味较重，所以制作汤料时不宜再加调料。

做 法

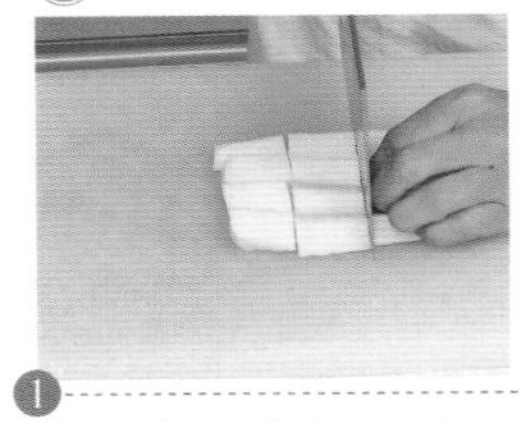

① 将去皮洗净的山药切成段。

② 锅中注水烧开，放入荞麦面，煮至面条熟透，捞出，沥干。

③ 另起锅，注入日式面汤，煮沸，放入洗净的海带丝、山药。

④ 拌匀，煮熟，制成汤料，取汤碗，放入煮熟的面条，盛入锅中的汤料即成。

蔬菜牛肉面

◉难易度：★★☆　◉营养功效：补脾益气

原料

面条180克，包菜50克，牛肉汤650毫升

调料

盐2克，生抽3毫升

做法

1.将洗净的包菜切条形，改切成小块。2.锅中注入适量清水烧开，放入备好的面条，煮约4分钟，至熟透，捞出，沥干水分。3.锅置火上，倒入备好的牛肉汤，烧热，加入生抽、盐，放入包菜，拌匀，煮至断生，制成汤料，取汤碗，放入煮熟的面条，盛入锅中的汤料，至八分满即成。

菠菜小银鱼面

◉难易度：★★☆　◉营养功效：益脾润肺

原料

菠菜60克，鸡蛋1个，面条100克，水发银鱼干20克

调料

盐2克，鸡粉少许，食用油4毫升

做法

1.将鸡蛋打入碗中，拌匀，制成蛋液。2.洗净的菠菜切段，把面条折小段。3.锅中注入清水烧开，放入食用油，加入盐、鸡粉，撒上洗净的银鱼干，煮沸后倒入面条，煮约4分钟，至面条熟软，搅拌，倒入菠菜，煮片刻至面汤沸腾，倒入蛋液，搅拌，煮片刻至液面浮现蛋花，盛出煮好的面条，放在碗中即成。

蔬菜骨汤面片

烹饪时间 Time 5分钟

◉难易度：★★☆ ◉营养功效：益气补血

原 料

黄瓜30克，胡萝卜35克，水发木耳10克，白菜10克，馄饨皮100克，猪骨汤300毫升

调 料

盐、鸡粉各2克，芝麻油5毫升

烹饪小提示

在泡发木耳时加适量面粉搅匀，可更轻松地清除杂质。

做 法

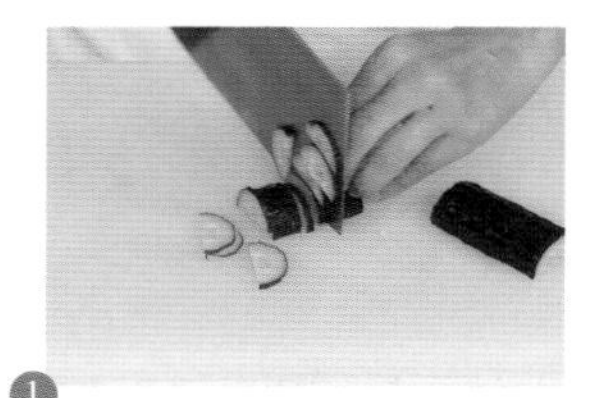

1. 洗好的黄瓜切片，洗净去皮的胡萝卜切片。

2. 锅中注入清水烧热，倒入猪骨汤，煮沸。

3. 放入胡萝卜、馄饨皮，拌匀。

4. 放入洗净的木耳、白菜，拌匀，煮约3分钟至食材熟软。

5. 加盐、鸡粉、芝麻油调味，盛出，装碗，放上黄瓜，盛入锅中的汤水即可。

海鲜面片

烹饪时间 Time 7分钟

◉难易度：★★☆ ◉营养功效：健脾开胃

花甲500克，虾仁70克，馄饨皮300克，西葫芦200克，丝瓜80克，香菜少许

调 料

盐、鸡粉、胡椒粉各2克

1.洗好的西葫芦切条，洗净去皮的丝瓜切条，洗好的虾仁挑去虾线。2.锅中注水烧开，放入洗好的花甲，煮一会儿，捞出。3.另起锅，注水烧热，放入花甲肉、虾仁、西葫芦、丝瓜，加盐、鸡粉、胡椒粉，拌匀，放入馄饨皮，煮至食材熟软，盛出，装碗，点缀上香菜叶即可。

什锦面片汤

烹饪时间 Time 12分钟

◉难易度：★★★ ◉营养功效：开胃消食

原 料

馄饨皮、土豆各150克，上海青50克，午餐肉、西红柿各100克，鸡蛋1个

调 料

盐、鸡粉各2克，食用油适量

做 法

1.食材洗净，土豆去皮，切片，午餐肉切片，西红柿切小瓣，上海青切小瓣，焯水。2.取碗，打入鸡蛋，制成蛋液。3.起油锅，倒入蛋液，放入土豆，炒匀，注水，倒入西红柿、午餐肉、馄饨皮，煮熟，加盐、鸡粉，拌匀，盛出装碗，放上上海青即可。

绿茶百合豆浆

◉难易度：★★☆ ◉营养功效：清热解毒

原 料

鲜百合4克，绿茶3克，水发黄豆60克

烹饪小提示

绿茶可以先用温水泡一次再打浆，味道会更好。

做 法

1. 将已浸泡8小时的黄豆洗净，倒入滤网，沥干水分。

2. 将黄豆、绿茶、鲜百合倒入豆浆机中，注入清水。

3. 选择“五谷”程序，待豆浆机运转约15分钟，即成豆浆。

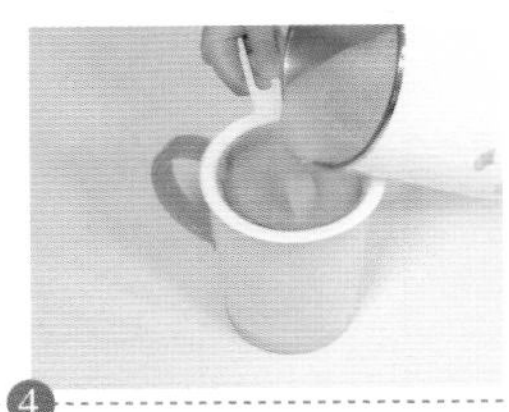

4. 把煮好的豆浆倒入滤网，滤取豆浆，倒入杯中即可。

核桃杏仁豆浆

◉难易度：★★☆ ◉营养功效：养心润肺

原料

水发黄豆80克，核桃仁、杏仁各25克，冰糖20克

做法

1.将已浸泡8小时的黄豆倒入碗中，加入清水，洗干净，放入滤网，沥干水分。2.把黄豆、核桃仁、杏仁、冰糖倒入豆浆机中，注入清水，选择“五谷”程序，待豆浆机运转约15分钟，即成豆浆。3.把煮好的豆浆倒入滤网，滤取豆浆，将豆浆倒入碗中，待稍微放凉后即可饮用。

八宝豆浆

◉难易度：★★☆ ◉营养功效：健脾益气

原料

水发黄豆50克，水发红豆40克，花生米40克，莲子、薏米、核桃仁、百合、芝麻各适量、冰糖适量

做法

1.把已浸泡8小时的黄豆、浸泡6小时的红豆、花生、莲子装入碗中，注入清水，洗干净，倒入滤网，沥干水分。2.将洗好的黄豆、红豆、花生、莲子倒入豆浆机中，放入洗净的芝麻、核桃仁、薏米、百合、冰糖，注入清水。3.选择“五谷”程序，待豆浆机运转约18分钟，即成豆浆，把煮好的豆浆倒入滤网，滤取豆浆，将豆浆倒入碗中，待稍凉后即可饮用。

烹饪时间
Time
3分钟

黑豆芝麻豆浆

◉难易度：★★☆ ◉营养功效：补肝益肾

原料

水发黑豆110克，水发花生米100克，黑芝麻20克

调料

白糖20克

做法

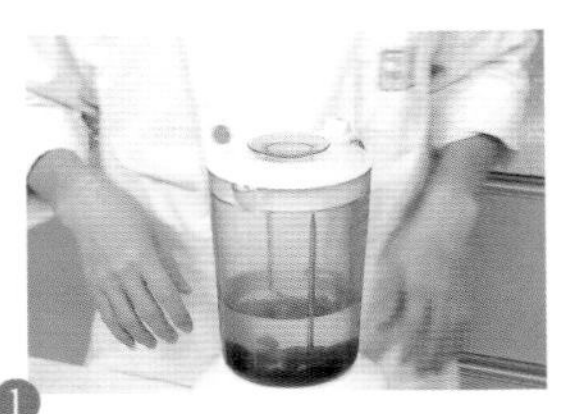

1. 取榨汁机，注入清水，放入洗净的黑豆。

2. 搅拌至黑豆成细末状，滤取豆汁，装碗。

3. 取榨汁机，倒入洗净的黑芝麻、花生米，倒入豆汁，搅拌制成生豆浆。

4. 汤锅置旺火上，倒入生豆浆，煮至汁水沸腾。

5. 掠去浮沫，撒上白糖，续煮至糖分完全溶化，盛出煮好的芝麻豆浆，装入碗中即成。

烹饪小提示

滤取豆汁时最好用网格细密的滤网，以免杂质太多，影响口感。

烹饪时间 Time 17分钟

百合莲子绿豆浆

◉难易度：★★☆ ◉营养功效：生津止渴

原料

水发绿豆60克，水发莲子20克，百合20克

调料

白糖适量

做法

1.将已浸泡6小时的绿豆倒入碗中，加入清水，洗干净，倒入滤网，沥干水分。2.将绿豆、莲子、百合倒入豆浆机中，注入清水。3.选择“五谷”程序，待豆浆机运转约15分钟，即成豆浆，把煮好的豆浆倒入滤网，用汤匙搅拌，滤取豆浆，倒入碗中，放入白糖，拌至溶化，待稍微放凉后即可饮用。

补肾黑芝麻豆浆

◉难易度：★★☆ ◉营养功效：保肝护肾

原料

水发黑豆65克，花生米40克，黑芝麻15克

调料

白糖10克

做法

1.将花生米和已浸泡8小时的黑豆倒入碗中，加入清水，洗干净，倒入滤网，沥干。2.把洗好的黑豆、花生米、黑芝麻倒入豆浆机中，注入清水。3.选择“五谷”程序，待豆浆机运转约15分钟，即成豆浆，把煮好的豆浆倒入滤网，滤取豆浆，倒入杯中，加入白糖，拌匀，用汤匙捞去浮沫，放凉后即可饮用。

烹饪时间 Time 17分钟

花生牛奶豆浆

◉难易度：★★☆ ◉营养功效：健脾和胃

原 料

花生米30克，水发黄豆50克，牛奶100毫升

烹饪小提示

此豆浆制备过程中要少加水，以免冲淡牛奶的鲜味。

做 法

1. 将花生米、浸泡8小时的黄豆，洗净，倒入滤网，沥干水分。

2. 把洗好的黄豆、花生倒入豆浆机中，注入清水。

3. 选择“五谷”程序，待豆浆机运转约15分钟，即成豆浆。

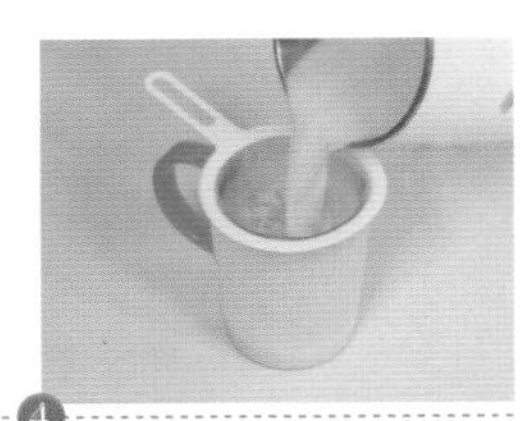

4. 倒入滤网，滤取豆浆，倒入杯中，捞去浮沫即可。

核桃仁黑豆浆

◉难易度：★★☆ ◉营养功效：生津润肠

原料

水发黑豆100克，核桃仁40克

调料

白糖5克

做法

1.取榨汁机，倒入洗净的黑豆，注入适量矿泉水。2.通电后选择“榨汁”功能，榨出汁水，滤去豆渣，将豆汁装入碗中，加入洗净的核桃仁，再次搅拌至核桃仁变成细末，即成生豆浆。3.砂锅中倒入生豆浆烧热，煮约2分钟，沸腾，加入白糖，拌匀，至白糖溶化，掠去浮沫，盛出煮好的黑豆浆，装入杯中即成。

安眠桂圆豆浆

◉难易度：★★☆ ◉营养功效：益气健脾

原料

水发黄豆60克，桂圆肉10克，百合20克

调料

白糖适量

做法

1.将已浸泡8小时的黄豆倒入碗中，加入清水，洗干净，放入滤网，沥干水分。2.把黄豆、桂圆肉、百合放入豆浆机中，注入清水。3.选择“五谷”程序，待豆浆机运转约15分钟，即成豆浆，把煮好的豆浆倒入滤网，滤取豆浆，把滤好的豆浆倒入碗中，放入白糖，拌匀，待稍微放凉后即可饮用。

烹饪时间
Time
17分钟

百合红豆豆浆

◉难易度：★★☆ ◉营养功效：健胃生津

原料

百合10克，水发红豆60克

调料

白糖适量

烹饪小提示

泡好的红豆最好立刻打浆，否则容易变质。

做法

1 将浸泡6小时的红豆洗净，倒入滤网，沥干。

2 将百合、红豆倒入豆浆机中，注入清水。

3 选择“五谷”程序，待豆浆机运转约15分钟，即成豆浆。

4 把煮好的豆浆倒入滤网，搅拌，滤取豆浆。

5 把滤好的豆浆倒入碗中，放入白糖，拌至溶化即可。